KB162169

|| 인문교양총서 39

물리학의 인문학적 이해

●

김동희

물리학의 인문학적 이해

김동희 지음

역락

머리말

근대과학은 뉴턴의 물리학으로 활짝 열렸다. 그의 성취는 과학의 변혁에 국한하지 않고 당대와 미래를 뒤흔든 대혁명이었다. 그의 영향력은 모든 분야에 고루 계몽이라는 이름으로 극대화되었다. 인류 문명사는 뉴턴 이전과 뉴턴 이후로 나눌 수 있을 만큼 오늘날의 문명은 올곧이 뉴턴의 영향이다.

뉴턴의 성취 뒤에는 과학적 사고의 유럽 전통이 있었다. 서양에서 과학은 철학과 함께 오랫동안 자연철학의 테두리에서 같은 학문으로 연구되어왔다. 그리스 사상은 자연에 대한 의문에서 비롯되었는데 원조 격인 탈레스가 만물이 물로 되어 있다는 주장 자체가 과학적 사유이다. 이게 뭐 그리 중요하냐고 반문할 수 있겠지만 서양에서 근대과학이 싹트고 세상의 변혁이 일어나는 직접적인 발화 요인이 되었다. 동양에 그리스와 견줄만한 다양한 사상이 있을지라도 과학적 사고로부터 도출된 것이라고 여길만한 것은 없었다. 이 때문에 동양은 과학이 발전할 수가 없었다. 그리스와 같은 과학적 사유의 전통이 없었기 때문이다. 과학의 발전에 과학적으로 생각하는 방법이 전제되어야 함은 물론이다. 그런 의미에서 유럽이 그리스의 사상과 함께 과학적 사고도 전승받은 것은 일대 행운이었다.

아리스토텔레스에 의해 체계화된 고대 자연철학은 그리스 사상의 중요 부분을 차지하는데 물리학 관련이 압도적으로 많다. 인간의 감각으로 자연 현상을 판단할 수 있는 가장 우선적인 대상이 물리 현상이기 때문이다. 그의 물리학은 물체의 운동학에서 우주론까지 포괄적이고 구체적이며 체계적이다. 그러므로 근대과학이 어떻게 탄생 되었는지 이해하기 위해서는 물리학 중심으로 고대 자연철학 체계를 살펴보는 것이 바람직하다. 전승되어 온 고대 자연철학 체계는 수정을 거쳐 새로운 물리학의 탄생과 함께 막을 내리게 되었다. 뉴턴 물리학의 탄생이 과학 전반에 대한 변혁의 동기가 되었음은 물론이다. 그러므로 과학의 변천을 이해하기 위해서도 그리스의 자연철학이 어떤 과정을 거쳐 수정되어 새로운 물리학이 도출되었고 물리학의 과학혁명이 여러 과학에 어떻게 변화를 주었는지 이해하는 것이 중요하다.

학부생을 대상으로 자연과학을 이해시키기 위한 목적으로 과학사를 중심으로 강의하면서 그리스 사상을 비롯하여 과학과 관련된 꽤 많은 자료를 바탕으로 강의록을 만들게 되었다. 이 책은 강의록과 그 외 다수의 과학사(특히 물리학사)와 과학철학 그리고 과학자의 전기물을 주요 자료로 만들어졌다. 책은 물리학을 중심으로 고대과학에서 근대과학으로 어떻게 전환되었는지 설명하고 현대과학에 대한 언급과 함께 과학의 방법 등 철학적 논증을 다루고 있다. 일반인들이 이해할 수 있도록 하였다. 오늘날까지의 물리학을 다루기에는 지면에 제한이 있어 뉴턴 이후의 물리학(과학)은 간략하게 다루어 부족한 점이 있다는 것을 양해 바란다. 모쪼록 이 책이 물리학을 통해 과학을 이해하고자 하는 사람들에게 적으나마 도움이 되기를 바란다.

2019년 10월
김 동 희

차례

제1장 고대 자연철학

BC 6세기에 그리스인들은 변덕이 가득한 신들의 신화적 이야깃거리를 거부하고 질서정연하게 잘 정돈된 세계[1]를 사유하였다. 자연 현상을 설명하는데 신화나 종교적 요소를 배제하여 자연과 초자연을 구분하였다. 정돈된 세계를 코스모스(cosmos)라 하여 우주의 체계를 세웠고 이를 계승 발전시켰다. 기술한 자연의 세계는 물질 및 동식물, 천상과 지상의 현상 및 인체를 모두 포함하여 다양하고 포괄적이고 체계적이었다. 우주가 어떻게 운행하며 지상의 운동이 무엇이며, 인체의 구조가 어떠한지를 상호 간의 연계성을 따지며 그 속에서 논리를 찾아내려 하였다. 그렇다고 아무런 선행 지식이 없이 과학체계를 창조해낸 것은 아니다. 바빌로니아와 이집트 등으로부

[1] 이 책에서 세계와 자연은 같은 뜻으로 쓰였다. 세계란 우리가 알고자 하는 대상을 총칭하는 것으로 과학으로 자연을 탐구한다고 할 때 자연은 세계와 같은 의미이다. 그런 의미에서 우주도 같은 맥락으로 이해될 수 있다.

터 축적된 지식과 기술을 수용하였다. 선행 습득은 세계의 어느 곳에서나 있었을 것인데 유독 그리스에서만 과학으로 발전했다.

신화를 벗어나 과학으로

고대 자연철학은 일반적으로 BC 4세기의 플라톤과 아리스토텔레스의 체계를 의미하나 연원은 BC 6세기의 밀레투스학파이다. 학파는 처음으로 우주 만물을 어떤 이론으로 설명할 수 있는 것으로 생각하여 자연주의적 관점에서 체계적이고 정돈된 결론을 도출하려 하였다. 그들은 만물이 유일하고 단순하며 불멸의 실체가 형태를 바꾸어 나타난 것이라고 믿었다. 자연에서 통합적인 질서를 찾아 역동적이고 복잡한 세상의 실체를 어떤 단일한 설명으로 바꿨다. 설명에 종교나 신화 등의 비자연적 요소를 철저히 배제하였다. 불멸의 실체를 탐구한 것이나 복잡한 현상이 단순한 실체에서 비롯되었다는 주장은 과학적 사고의 전형이다. 원조인 탈레스는 만물의 근원이 물이라고 주장하였다. 물이 고체와 액체 및 기체로 변하는 것에서 착안한 것이다. 비슷하게 아낙시메네스는 공기를 더 근본적인 것으로 생각하여 공기가 만물의 근원이라고 주장했다.

탈레스가 신화적 언급을 포기한 첫 사람이지만 자연에 대해서 포괄적인 모형을 제시하지는 못했다. 자연을 포괄적이고 구체적으로 설명하려 한 최초의 인물은 아낙시만드로스이다. 기준이 되는 법칙을 바탕으로 자연을 설명했으므로 그의 이론은 여러 분야에서 포괄적이고 일관성을 가진다. 우주 만물이 생겨나는 원천이 있어 보이지 않는 신비롭고 근본적인 물질인 아페이론(apeiron)[2]에서 모든 다른 물질이 생겨난다고 하였다. 그러므로 모든 가시적인 현상은 비가시적인 근원 물질에 기원을 두고 있다. 기상 현상은 신의 장난이나 초자연적인 현상이 아니라 자연적 원인으로 일어나고 생물의 발생 및 전개 과정도 기상 현상과 유사한 방식으로 설명하였다. 그의 우주론은 소박하나 기하학과 수학을 최초로 사용한 과학적 사고의 산물이다.

BC 5세기는 후일 여러 사상의 토대가 되는 사유가 꽃피던 시기였다. 피타고라스는 만물의 근원은 수라고 주장하여 자연 현상을 수학적 연관 관계로 설명하였다. 이로써 자연은 근원적 물질로 구성되지 않고 수의 관계를 통해 설명할 수 있는 추상적인 질서 가운데 존재하는 것이었다. 파르메니데스는 진리는 오직 이성에 의해서만 알 수 있으므로 감각을 통해서 얻은 정보는 오해의 여지가 있어 무시해야 한다고 주장하였다. 그의 사상은 후일 플라톤에 의해 정련되었다. 이 시기에 물질

2 '무한자'라고 번역된다.

의 근원에 대한 매우 다양한 사유가 있었다. 레우키포스와 데모크리토스는 모든 물질이 원자로 구성되어 이들의 조합이 다른 형태와 다양한 변화를 겪어 물질이 되고 만물을 구성한다고 하였다. 그러나 원자는 눈에 보이는 것이 아니므로 직관적으로 받아들이기 어려웠다. 이에 반해 실제적이고 이해하기 쉬운 다양한 물질 구성 체계가 제시되었는데 엠페도클레스의 4원소설이 대표적이다. 4원소설에 의하면 만물은 흙, 물, 불과 공기의 네 원소로 구성되고 이들이 상호작용하여 다른 비율로 결합과 분해 및 재결합을 반복하며 물질의 변화가 일어난다. 엠페도클레스는 진리는 감각에 의존하여 물질세계의 친숙한 경험을 통해서 얻어진다고 믿었다. 그의 이러한 관점은 관찰을 중요시하는 감각적 증거에 기반을 둔 것이다. 4원소설은 아리스토텔레스에 의해 발전되었다.

간략하게 플라톤과 아리스토텔레스 이전의 그리스 사상을 소개했으나 언급되지 않은 매우 다양한 사상이 있었다. 밀레투스학파와 소크라테스 시대 사이의 약 200년이라는 긴 기간 동안 사상이 전개되고 발전했을 것이다. 소크라테스의 깊은 사유는 이러한 전통에서 비롯되었고 후대는 이들의 저작[3]을 통해 그들 자신의 사상 발전을 꾀했을 것이다. BC 4세기의 그리스 사상은 성숙한 경지에 다다랐는데 플라톤과 아리스토텔

---

3 오늘날 이들의 저작은 하나도 남아 있지 않고 사상이 책으로 남겨져 있었다는 것은 후대의 다른 철학자의 언급에 의해서 짐작될 뿐이다.

레스의 사상으로 크게 나눌 수 있다.

플라톤과 아리스토텔레스

플라톤은 우주를 질서정연하며 완전하고 불변의 것이라고 믿었다. 그러나 우리가 사는 실제 세상은 모든 것이 끊임없이 변한다. 이에 대해 플라톤은 우리가 겪는 세상은 감각으로 알 수 있는 것으로 참된 세계가 아니고 참된 세계는 오직 이성으로만 알 수 있다고 하였다. 참된 세계를 이데아라고 하였고 인간은 감각적으로 물체를 알 수 있을 뿐 물체의 본질인 이데아는 알 수 없다고 하였다. 우주와 신체는 단지 크기만 다를 뿐이고 둘은 비슷한 원리로 만들어져 밀접하게 연관되어 있다고 믿었기 때문에 별로 구성된 천체 세계를 대우주로, 인간의 신체를 소우주로 구분[4]하였다. 대우주와 소우주가 연결되어 있어 별의 질서정연한 운행처럼 이를 기반으로 인간의 몸도 다스려야 하므로 연계의 개념은 의학에 중요하게 적용되었고 점성술을 발달하게 하였다.

아리스토텔레스(BC 384~322)는 제자였어도 플라톤의 사상을 곧이곧대로 받아들이지 않고 오히려 이데아론과 상반된 관점을 가졌다. 그에게 지식의 습득은 이성이 아니라 감각을 통한

4 플라톤의 대화편 중에 '티마이오스' 참조.

정보의 해석이었다. 그러므로 직관적으로 이해가 되지 않거나 상식에 벗어난 것들은 받아들이지 않았다. 이데아와 같이 물질세계의 변화에 대한 근본적인[5] 설명은 그에게 중요하지 않았다. 그래서 변화하는 것 자체를 실재하는 세계로 여기고 변화를 어떻게 이해하는지에 대한 탐구를 하였다. 아리스토텔레스의 지식에 관한 핵심 개념은 인과적이다. 어떤 것을 이해하는 것은 그것이 왜 그렇게 존재하고, 무엇이 그런 상태로 만들었는가를 아는 것이었다. 그러므로 세상의 모든 변화와 또는 변화의 가능성이 있는 것들을 목록으로 만드는 분류체계의 구축이 중요하였다.

아리스토텔레스는 감각을 바탕으로 자연에서 일어나는 모든 일을 체계적으로 분류하는 일에 집중하여 인간이 생각할 수 있는 모든 것을 담으려고 하였다. 지상의 세계는 천상세계와 비교하여 변화무쌍하고 역동적인 영역이라는 것을 있는 그대로 받아들여 지상 세계는 천상세계와 매우 다른 본성을 가지고 있다고 보았다. 그러므로 그에게 주된 관심은 판이한 두 세계를 어떻게 조화롭게 통합하느냐였다. 지상 및 천계를 모두 포함하여 자연 세계를 설명하는 포괄적인 분류체계를 구축하는 것이 관건이었다. 체계는 연결을 중시하여 천상과 지상의 세계는 소우주로서의 인간과도 필연적으로 연계되어

5 플라톤의 이데아론이나 데모크리토스의 원자론이 이에 해당한다.

있다. 그러므로 자연 탐구도 사물 간의 연계성의 맥락에서 규정하는 상호 연결된 방식이었다. 어느 특정의 학문보다는 학문 분야 간에, 자연의 여러 다양한 측면 사이의 상호 연관성을 탐구하는 것이 중요했다.

아리스토텔레스의 탐구 방법은 중세는 물론이고 근대 초기의 자연 철학자에게까지 전승되었다. 존재 등의 근원적인 질문 대신에 자연을 기술하는 방식으로 분류를 주안점으로 눈에 보이는 것을 관찰하여 주어진 방법론에 따라 이해하려 하였다. 그들의 임무는 사물의 형태를 규칙적 원리에 따라 분류하는 것과 자연에 숨겨진 설계와 신의 은밀한 의도를 밝히는 일이었다. 그의 자연철학 체계는 오랫동안 의심 없이 받아들여졌다. 학자들은 그가 세운 원리를 진리로 간주하여 원리에 근거해 문제를 해결하고자 했고 원리를 수정하려고 시도하지 않았다. 반박이 없었던 이유는 체계가 다양한 관점으로 서로 연관 지어 체계적이고 포괄적으로 만들어졌기 때문이다. 천오백 년 이상 아리스토텔레스의 자연철학 체계가 유럽을 지배할 수 있었던 것은 논리가 반박이 어렵게 구성 체계를 갖추었고 당시의 인지 환경이 체계를 반박할 여건이 되어있지도 않았기 때문이다. 그러므로 근대 초기까지 막강한 영향력을 행사한 아리스토텔레스의 자연철학 체계가 구체적으로 무엇인지 살펴보는 것은 중요하다.

지상 세계

지상 세계에서 일어나는 자연 현상에 대한 아리스토텔레스의 생각을 접하면 그가 감각을 얼마나 중시했는지 알 수 있다. 우선 물질의 구성에 대한 사유로서 감각적으로 이해가 어려운 원자설은 받아들이지 않았다. 대신에 직관적으로 이해하기 쉬운 4원소설을 받아들여 발전시켰다. 그에 의하면 지구상의 물질은 흙, 물, 공기와 불의 네 원소로 구성되어 있고 원소들이 서로 변환될 수 있고 모든 물질은 네 원소의 다른 비율의 조합이다. 원소의 성질은 모두 다르지만 서로 연계성이 있다. 흙은 건조하고 차며, 물은 차고 습하고, 공기는 습하고 뜨거우나 불은 뜨겁지만 건조하여 서로 간의 연결 고리가 있다. 원소의 성질을 빼거나 넣거나 하는 적절한 조합으로 한 원소가 다른 원소로 전환이 된다고 보았다.

4 원소가 물질의 구성요소라면 4 원인은 물질의 생성 및 변화를 포괄적으로 설명하는 원인에 기반한 분류체계이다. 4 원인은 질료인(material cause), 작용인(efficient cause), 형상인(formal cause) 및 목적인(final cause)으로 구성된다. 질료인은 그것이 무엇으로 이루어져 있는지 또는 무엇으로 만들어져 있는지를 의미한다. 작용인[6]은 그것을 그렇게 만든 작용의 당사자 또는

---

[6] 능동인 또는 운동인이라고도 한다.

행위이고, 형상인은 그것의 모양이나 형태, 즉, 그것이 어떠한 물리적 특성을 갖는지를 의미한다. 마지막으로 목적인은 그것이 존재하는 목적이 무엇인지를 의미한다. 아리스토텔레스는 삼라만상의 모든 변화가 어떤 것이든 반드시 목적이 있다고 생각하여 4 원인 중 목적인이 으뜸인 원인으로 간주 되었다. 여기서 변화는 자연적으로 일어나는 모든 현상뿐만이 아니라 인공적으로 만들어지는 것도 포함한다. 예를 들어 나무 의자가 만들어진 경우를 살펴보자. 의자의 질료인은 나무이고 작용인은 의자를 만든 당사자이므로 나무제작자이다. 형상인은 의자의 생김새나 형태이고 목적인은 의자가 만들어진 이유를 뜻하므로 앉는데 쓰는 것이 목적이다.

4원소는 물체의 운동을 설명하는 데도 적합하여 원소의 성질에 따라 지구상에서 일어나는 모든 운동을 설명할 수 있었다. 변하는 모든 현상에 목적이 있다고 생각한 아리스토텔레스에게 운동의 본질 또한 모든 물체가 자신의 성질 또는 목표를 가지고 있기 때문이었다. 각각의 원소들은 무겁거나 가벼움에 따라 정해진 자연의 위치를 찾는 것으로 판단하였다. 떨어지는 물체는 지구의 중심을 향하고 올라가는 물체는 지구 중심에서 멀어지는데 두 운동 모두 직선운동이다. 떨어지는 것은 물체가 무겁기 때문이고 올라가는 것은 가볍기 때문이다. 그러므로 가벼움과 무거움이 목적인이다. 무거움이 본성이므로 더 무거울수록 먼저 떨어진다. 불은 가장 가볍고 흙은 가장 무거우므로 각각 가장 높고 가장 낮은 양극에 존재하고 불보다는 덜 가벼운 공기와 흙보다는 덜 무거운 물은 중간 영역에 존재한다. 고로 각각의 원소는 자기 고유의 자연적 위치에 정지하여 있다. 운동의 궤적이 직선이 아니면 강제된 운동으로 해석하였다. 강제된 운동은 그렇게 되도록 영향을 주는 외부로부터의 행위가 필요한데 행위가 궁극적 원인으로 목적인이 된다. 예로 손으로 공을 던져 날아가게 했다면 직선운동이 아닌 강제운동으로 손이 목적인이 된다.

고대에 운동의 정의는 오늘날과는 완전히 다르다. 아리스토텔레스는 우주 전체를 하나의 거대한 유기체로 생각하여 지상에서 변하는 모든 것을 운동으로 보았다. 운동은 물체가 움직이는 것뿐만이 아니라 공간과 시간에 따라 변하는 모든 것으로서 생식과 동식물의 성장 및 부패 등도 포함하는 매우 광범위한 개념이었다. 생식은 번식을 위한 것이므로 번식이 목적이고 동식물의 성장은 자연의 섭리가 목적이 된다. 이처럼 여러 종류의 운동을 포괄적이고 단일한 방법으로 어떻게 일어나는 가뿐만이 아니라 왜 일어나는지도 설명하고자 했다. 운동의 다양성을 이해하려 하였고 이러한 현상들을 설명하려 했다. 오늘날 물리적으로 운동은 물체에 국한하여 물체가 움직이는 관점으로서의 기계론적 입장과 아리스토텔레스의 유기체적 관점은 확연히 대비된다.

아리스토텔레스는 세상의 다양한 사물들을 체계적으로 분

류하는 방법도 개발하였다. 그에 의하면 사물의 존재를 가리키는 방식은 다양하여 총 10가지[7]가 있다. 존재하는 방식은 실체를 가지고 말할 수 있을 뿐만이 아니라 양이나 사물의 성질로서도 얘기할 수 있다. 사물이 있는 장소나 시간, 위치로서도 존재를 알 수 있기도 하고 다른 사물과의 관계나 사물의 상태와 능동 및 수동적 반응에 의해서도 가능하다. 이처럼 아리스토텔레스는 분류에 커다란 관심을 보였는데 그의 분류법이 과학 분야에서 가장 크게 영향을 끼친 것은 동식물에 관한 분류로서 오늘날까지도 유용하게 적용될 만큼 과학적으로 정확한 부분이 많다.

천상세계

고래로부터 인간이 삶을 영위하기 위해서 별의 운행에 대한 지식은 필수적이었다. 오래전부터 인류는 수성, 금성, 화성, 목성 및 토성 등 다섯 개의 별이 다른 별들과 비록 육안으로는 구분이 되지 않을지라도 여타 별들과 다르게 움직이는 것을 알았다. 기원전 이천여 년의 바빌로니아인이 남긴 기록에 달과 별과 행성의 위치가 있을 뿐만이 아니라 천체의 움직임에 관한 규칙적 형태를 구하기 위한 수학적 계산도 나타

7 이를 범주(category)라고 한다. 사물들을 분류하는 근본 개념이다.

나 있다. 일반적으로 모든 문명권의 천체에 관한 지식은 농경 생활을 영위하기 위한 실용적인 수단으로 중요했다. 지식을 활용하여 처음으로 천계 모형을 만들어 과학적으로 우주에 대해 논한 사람들은 고대의 그리스인이었다.

천계 운동은 질서정연하다. 별과 태양 그리고 달은 모두 하루에 한 번 떠서 동쪽에서 서쪽으로 이동한다. 그런데 각각의 운행 상황은 약간씩 다르다. 별은 서로에 대해 상대 운동이 없어 자신의 위치가 변하지 않고 매일 제자리로 오는데 24시간보다 4분 정도 덜 걸린다. 그러므로 매일 밤에 4분 정도 일찍 나타나므로 매일 같은 시각에 관찰하면 북반구에서는 북극성 주위로 커다란 원을 그리며 별이 움직이는 것처럼 보인다. 별 사이의 거리는 전혀 변화가 없으므로 마치 별들이 박혀 있는 단단한 구 껍질이 지구 주위를 23시간 56분마다 회전하는 것처럼 여겨진다. 그렇게 해서 별이 원래 있던 제자리로 돌아오는 데 1년이 걸린다. 태양은 한번 회전에 24시간이 소요되고 매일 다른 별들과 위치를 바꾸며 서에서 동으로 이동하여 1년 후에 같은 별의 선상에 도달한다. 하루를 태양을 기준으로 24시간을 정한 까닭이다. 달은 매일 밤에 약 50분 정도 늦게 뜬다. 그러므로 매일 밤 같은 시각에 달은 점점 더 동쪽에서 보이며 29일이 지나면 원래 지점에 나타난다. 이 동안 달은 주기적으로 차올랐다가 다시 이지러지기를 반복한다. 행성은 비록 여타 별처럼 한 점으로 보일지라도 태양이나 달처럼 행동하여 붙박이별들을 배경으로 서쪽에서 동쪽으로 이동한다. 특이한 점은 서쪽에서 동쪽으로 이동하다가 반대 방향(동쪽에서 서쪽)으로 움직이고 다시 원래의 방향으로 이동하는 역행운동을 한다. 태양과 달을 포함하여 수성, 금성, 화성, 목성 그리고 토성의 7개의 천체가 붙박이별을 배경으로 움직이고 이들은 각각의 별자리를 따라 이동한다. 이들 별자리는 12구역으로 나누어져 있는데 이것이 황도로서 지구에서 본 태양의 궤도이다.

천계의 질서정연한 운행에 대해서 플라톤은 천체가 조화로운 기하학 및 수학적 규칙성에 따라 운동하기 때문이라고 하였다. 그러나 행성의 역행운동은 별의 운동이 규칙적이지 않고 조화롭지도 않다는 것을 의미한다. 플라톤은 역행운동이 단지 겉으로 보기에 불규칙할 뿐이며 우리가 절대로 알 수 없는 내면에 숨겨진 행성 운동의 규칙성이 존재한다고 하였다. 이러한 그의 이데아적 관점은 동굴 우화[8]에 잘 나타나 있다. 동굴 속의 죄수처럼 사람들이 알고 있는 세계는 실체의 그림자뿐이므로 역행운동 이면에는 숨겨진 질서가 있다. 플라톤은 천체의 운행이 조화롭고 규칙적인 증거로 원을 내세웠다. 원은 완벽한 형태이고 원형의 운동은 시작과 끝도 없이 영원하

---

8 플라톤의 국가론에 나오는 우화이다. 동굴 속의 죄수는 평생 바깥세상의 그림자가 비치는 동굴 안 쪽 만을 바라보고 있다. 사람들이 보고 있는 것은 실체의 그림자일 뿐이지만 그것을 실체라고 믿고 있다. 우리가 현실에 보고 있는 것이 이와 같다고 플라톤은 주장한다.

여 완전하기 때문에 별은 지구 주위를 완벽하고 규칙적 형태로서 원을 그리며 운동한다고 하였다.

플라톤의 천계에 대한 설명은 천계가 어떤 구조로 되어있다는 모형이 아니라 세계를 이해하는 방법의 철학을 바탕으로 한 것이었다. 구조적 체계를 가진 모형을 처음으로 만든 사람은 플라톤의 제자인 에우독소스였다. 모형은 우주의 중심은 지구이고 바깥으로 각각의 별이 있는 동심원의 구들로 이루어졌다. 각 구는 등속 운동하며 행성은 여러 구의 운동으로부터 영향을 받아서 역행운동 같은 겉보기 운동이 나타난다. 그러나 에우독소스의 모형은 구가 물리적으로 실제로 존재하는지 고려치 않은 단순한 수학적 모형이었다.

지상과 천상세계의 통합

천계에 대해 물리적 구조를 가진 모형을 처음으로 제시한 사람은 아리스토텔레스였다. 그의 모형은 지상과 천상세계가 서로 조화롭게 어울리는 구조를 가졌다. 천문학과 물리학을 조화시켜 우주는 맑고 투명한 고체로 응고된 동심의 천구들로 이루어졌다. 우주의 중심에 지구가 있고 지구를 둘러싼 여러 천구가 동심원의 형태로 배열되어 회전하고 있다. 지상의 변화무쌍과 천상의 불변이 상반되는 개념일지라도 지상의 4원소설, 4원인 개념 등 온갖 구조물은 이러한 것들이 체계적으로 묶어지게 하였다. 지구는 하나의 동심구로 표현되지 않고 4원소가 무거운 순서대로 배치되어 동심원의 층을 이루었다. 그림에서 표현된 것처럼 네 원소가 차례로 가장 무거운 흙이 지구 중심을 감싼 채로 있고 다음이 물이고 공기와 불이 차례로 층을 이루고 있다. 물체가 낙하하는 곳은 지구의 중심이므로 지구의 중심은 우주에서 가장 낮은 곳이다. 이에 반해 공기와 불 등의 가벼운 원소들은 상승하여 원소가 올라갈 수 있는 한계 지점은 달이다. 그러므로 달까지가 지상 세계의 끝이다.

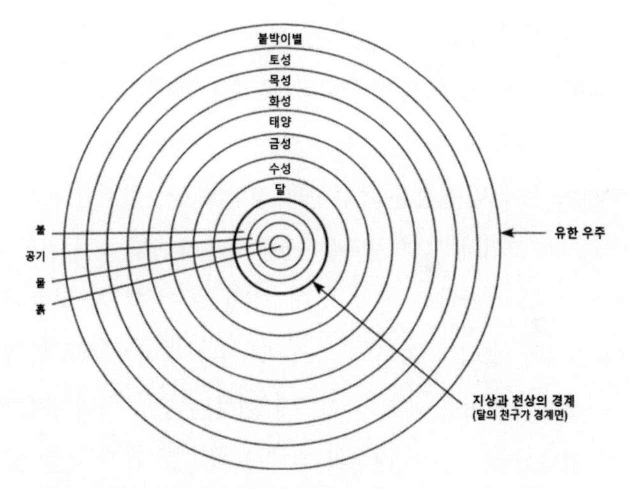

〈그림 1〉 아리스토텔레스의 우주론. 우주의 중심은 지구로서 지구 주위로 달, 수성, 금성, 태양, 화성, 목성 및 토성이 각각의 천구 위에서 운행하고 맨 바깥쪽에는 별들이 천구에 박혀 있는 구조이다. 지상과 천상을 나누는 경계는 달로서 달 아래가 지상이고 달 위가 천상이다. 지구는 무거운 순서대로 흙, 물, 공기, 불로 이루어져 있다.

달 너머부터 천상의 세계가 시작되어 수성, 금성, 태양, 화성, 목성, 토성이 차례대로 자리 잡아 각자의 천구 위에서 운행하고 맨 바깥쪽의 가장 큰 천구에 수많은 별이 박혀 있는 형태이다. 태양, 달, 행성 및 별은 자기 스스로 움직이는 것이 아니고 천구가 회전하므로 움직인다. 붙박이별이 있는 천구가 우주의 맨 바깥이 되므로 우주는 유한하다. 지상이 4 원소로 이루어져 있는 것에 비해서 천상은 에테르라 불리는 제5의 원소로 이루어져 우주 공간을 가득 채우고 있다. 에테르는 지상의 원소처럼 무겁지도 가볍지도 않아 위 또는 아래로의 직선운동을 하지 않고 지구 주위를 영원히 도는 원형 운동만 한다. 원형은 완전체로 생각되었으므로 원은 우주가 질서정연하다는 것을 상징하는 기하 구조였다.

이로써 지상과 천상은 동심구의 집합체로서 완벽한 하모니를 이룬다. 그러나 그의 체계는 관찰 결과를 정확히 설명하지 못하는 단점이 있었다. 행성의 역행운동을 설명하지 못할 뿐만이 아니라 행성이 지구와 가까워지거나 멀어져 행성의 밝기가 변하는 것이나 계절의 길이가 변하는 것도 설명하지 못한다. 별들이 동심원의 대칭적 형태를 가지고 있기 때문이다.

아리스토텔레스 물리학

아리스토텔레스의 우주론은 그의 자연철학 체계의 일부분

일 뿐이다. 체계는 과학에 관한 방대한 지식을 많이 담고 있는데 많은 부분이 물리학에 관련된 것으로 물리학의 핵심 개념에 관하여 설명하고 있다. 이론이 옳고 그름을 떠나 물체의 운동 등 물리학에 관한 체계적인 설명이 BC 4세기에 존재했다는 사실에 주목해야 한다. 앞에서 기술된 바와 같이 4원인 개념은 물체의 낙하는 무겁기 때문이므로 무거운 물체가 가벼운 물체보다 빨리 떨어진다. 또한 아리스토텔레스는 진공은 있을 수 없다고 하였다. 원자설을 받아들이지 않았기 때문에 원자가 비어있는 공간에서 영구적으로 운동한다는 데모크리토스의 주장을 받아들이지 않았다. 그래서 비어있는 공간은 존재할 수 없다고 생각했다. 이에 대한 증명으로 물체가 공기중에서 떨어질 때보다 물속에서 떨어질 때 속도가 느려지는 현상을 예로 들었다. 관찰로부터 매질에서의 물체의 속력이 매질의 농도에 반비례한다고 결론지었다. 그래서 만약 농도가 없으면, 진공상태이면, 속력이 무한대가 되어 물리적으로 무의미하므로 진공은 존재할 수 없다고 주장했다.

아리스토텔레스는 힘에 대한 개념을 세우기도 했다. 물체에 힘을 가하면 움직인다는 사실로부터 힘과 다른 물리량의 관계를 알아내었다. 우선 질량이 무거울수록 물체를 움직이기 힘들므로 힘은 질량의 크기에 비례한다. 힘에 비례하는 다른 변수를 찾기 위해서 질량을 고정하고 힘의 크기를 변화시켜 물체가 어떻게 운동하는지를 관찰했다. 힘을 받은 물체는 움직이다가 멈추고 힘을 더 주면 더 멀리 가서 멈춘다. 힘을 더 줄수록 움직인 거리가 커지지만 정지할 때까지 걸리는 시간은 힘의 강약에 상관없이 같다. 즉, 힘을 더 주면 같은 시간에 움직인 거리가 늘어난다. 그러므로 힘은 단위 시간당 거리에 비례하는데 단위 시간당 거리는 속력(또는 속도)이다. 아리스토텔레스는 힘이 질량과 속도의 곱에 비례하는 양으로 정의[9]하였다. 지구상 어디에서도 움직이는 물체는 결국은 정지하므로 이 식이 상식적으로 맞다. 지구상에서 피할 수 없는 중력의 존재를 몰랐고 지구상의 모든 물체는 결국 정지한다는 사실이 마찰력에 기인한다는 것 또한 몰랐기 때문이다.

아리스토텔레스는 물체의 운동이 단순히 물리적 공간에서의 변화라는 것을 넘어 이것이 정확히 무엇을 의미하는지 알아내려 했다. 어떤 것이 움직이는 것은 다른 것에 상대적으로 움직이는 것이라고 별 의문 없이 단순하게 운동을 정의할 수도 있다. 자동차가 시속 몇 킬로미터로 움직인다든지 비행기가 샌프란시스코로 난다든지 하는 것은 무엇에 대하여 움직이는가이다. 자동차의 경우 속력은 도로를 기준으로 한 것이

---

[9] 힘을 F, 질량을 m, 속력을 v로 표현하면 $F = mv$가 된다. $F = mv$로 표현되는 아리스토텔레스의 운동학은 $F = ma$로 표시되는 뉴턴의 운동학과 대비된다. (a는 가속도) 여기서 주의할 점은 아리스토텔레스는 속도의 개념을 전혀 언급하지 않았다는 점이다. 그러나 그의 운동에 관한 언급을 미루어보면 힘을 질량과 속도의 곱으로 해석했음을 알 수 있다. 속도와 가속도의 개념은 아리스토텔레스가 전혀 몰랐던 것으로 후대의 갈릴레이에 의해 처음으로 정의된다.

고 비행기의 속력은 지구를 기준으로 한 것이다. 그러므로 일반적으로 기준계는 움직이는 대상 물체 주위에 있다. 그러나 항상 그렇지는 않다. 만약 지상의 모든 운동이 지구에 대해 상대적이라면 지구의 회전운동은 고려하지 않은 것이다. 그러므로 물체의 운동에 지구가 유일한 기준계가 될 수 없을 수도 있다. 그렇다면 어떠한 임의의 기준계도 모든 운동의 묘사에 이용될 수 있는지는 절대적으로 정해져 있지 않다. 즉, 운동을 정의할 수 있는 절대적인 기준계가 있는가는 의문이다. 이 문제에 정확히 답을 내리는 것은 오늘날에도 쉽지 않다. 그만큼 아리스토텔레스는 심오한 질문에 답을 내려고 시도하였다.

그의 운동학이 체계 안에서 모두 올바른 것은 아니다. 후대에 그의 자연 현상의 설명에 오류가 발견된 것 말고도 그의 체계 자체로서도 설명이 만족스럽지 못한 문제도 있었다. 그의 운동학은 움직이는 것은 반드시 움직임을 조장하는 원인이 있다고 말하므로 어떤 것은 반드시 다른 것에 의해 움직인다. 이 주장이 그럴듯하고 논리적일 수 있으나 이런 식으로의 해석이 어떤 경우에는 매우 모호하게 된다. 예를 들어 물체를 던진다고 가정하자. 이때 물체가 움직이는 원인은 손으로 던지기 때문이므로 손이 목적인이다. 하지만 원인 제공자인 손을 떠나서도 물체는 계속 움직이므로 목적인과 분리되어 운동한다. 그러므로 발사체의 경우는 원인의 개념이 모호하게 된다. 아리스토텔레스도 이 문제를 알고 있었기 때문에 설령 목적인이 분리되는 것처럼 보일지라도 물체가 이동하는 동안 매질이 목적인 역할을 한다고 하였다. 그러나 물체가 공기 중에서 운동하거나 물 안에서 운동하면 공기나 물 같은 매질이 동력의 원인이라는 설명은 설득력이 떨어진다.[10] 발사체에 힘을 더 주면 더 멀리 나가는 것을 설명하지 못하기 때문이다.

천동설

BC 3세기부터 약 2백 년에 걸친 헬레니즘 시대에 과학과 수학의 괄목할 만한 진보를 담보로 자연철학이 발전했다. 아리스타르코스는 지구와 태양까지의 거리를 쟀고 지동설을 주장하였다. 비슷한 시기에 에라토스테네스는 지구의 지름을 측정했고 역법을 개량하였다. 아르키메데스는 지렛대의 원리와 부력 등을 발견하여 물리학을 구체적으로 발전시켰다. 히파르코스는 지구의 세차 운동을 발견하였다. 당시에 이러한 성취가 있었다는 것이 놀라울 뿐이다. 그러나 무엇보다도 이즈음의 괄목할만한 진보는 기하학과 산수의 체계화가 이룬 유클리드의 기하학원론이다. 원론은 모든 시대를 아울러 가장 유

---

10 이 문제는 중세까지 논쟁이 되어 뷔리당 등은 물체를 던지면 임페투스(impetus)라 불리는 내적 동력이 전달되어 물체가 움직인다고 주장하였다. 그러나 아리스토텔레스와는 다른 개념의 임페투스도 아리스토텔레스 이론을 반박하기 위한 것이 아니었고 이론에 맞게 손질을 하기 위함이었다 임페투스의 개념은 17세기까지 유지되었다. 이 개념은 후일 관성의 개념으로 발전하게 된다.

명한 책으로 칭송받게 된다.

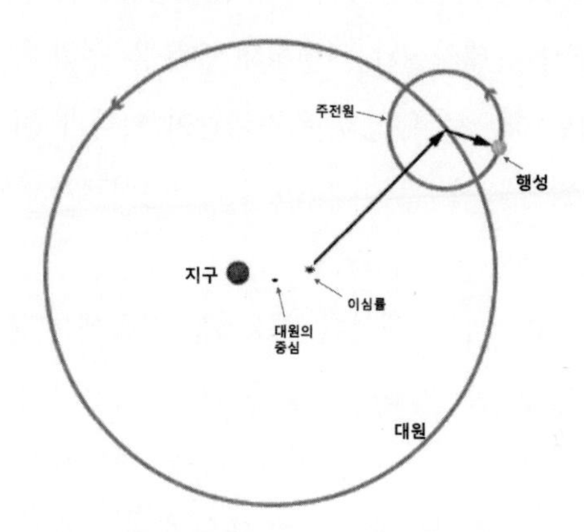

〈그림 2〉 프톨레마이오스의 천동설. 행성은 주전원을 궤도로 돌고 주전원의 중심이 대원을 따라 도는 구조. 대원의 중심에서 비켜나 있는 이심률.

AD 2세기에 프톨레마이오스는 천문 관측과 수학을 바탕으로 천체 운동을 계산하는 체계적 방법을 담은 천동설(Ptolemaic system, geocentric theory)을 만들었다. 천동설은 상당히 정밀하게 고안된 우주도로서 아리스토텔레스의 우주론을 바탕으로 하였지만 이와는 다르게 매우 실용적이었다. 행성의 역행운동뿐만이 아니라 황도를 거쳐 가는 행성들의 속도가 변하는 것 등에 대한 설명이 가능하였다. 알마게스트(Almagest)[11]라 불리

---

11 알마게스트는 프톨레마이오스의 저서인 '천문학 집대성'의 아랍어 번역본의 이름으로 12세기 유럽에 이 이름으로 천동설이 소개되어 더 유명하게 되었다.

는 프톨레마이오스의 천동설에 관한 저작은 16세기에 코페르니쿠스의 지동설이 등장하기까지 천체운동론의 최고 권위서였다. 천구상의 태양·달·5행성의 운동을 정량적·수학적으로 집대성한 책으로 행성의 위치뿐만이 아니라 일식, 월식을 예측하는 방법도 수록되어 있어 수리천문서로서 최고의 가치가 있었다.

지구에서 바라보는 행성이 평소에는 서쪽에서 동쪽으로 움직이다 주기적으로 역행하여 동쪽에서 서쪽으로 움직이다 다시 제대로 돌아온다. 이러한 역행운동을 설명하기 위하여 지구 주위를 도는 행성들의 궤적인 대원의 궤도 위에 작은 원의 중심이 놓여 있고 행성이 작은 원의 궤도로 도는 주전원(epicycle) 개념(<그림 2> 참조)을 내세웠다. 행성이 주전원을 따라 돌고 주전원의 중심이 지구 주위를 대원을 따라 도는 구조였다. 주전원은 행성의 밝기 변화도 설명할 수 있었다. 계절의 길이가 다른 것을 설명하기 위해서 지구가 원 궤도의 중심에 위치하는 대신 중심을 벗어난 지점에 있도록 이심률(eccentricity)을 도입하였다. 주전원과 이심률을 통하여 별의 위치를 올바로 예측할 수 있었다.

그러나 올바른 예측을 위해서 수십 개의 주전원이 도입되었고 복잡한 계산 과정을 거쳐야 하는 단점이 있었다. 주전원과 이심률은 당시의 사람들도 실제로 있는 것이라 믿지 않았고 별의 운행을 올바로 알려주는 수단으로서만 고려했다. 이심률은 특히 곤혹스러웠는데 아리스토텔레스의 운동 법칙에 따르면 물체는 항상 지구 중심을 향해 떨어져야 하기 때문이다. 이심률로 인해 물체가 지구 중심을 향하여 떨어지지 않게 된다. 10세기 아랍의 알하젠은 지구 내에 비대칭적인 공동 터널을 도입하여 실제로는 지구 중심으로 떨어진다고 하였다. 이처럼 문제가 있으면 아리스토텔레스의 우주론이 잘못되었다고 생각하기보다 수정을 가하여 체계를 고수하려는 움직임은 오랫동안 지속하였다. 프톨레마이오스의 천동설은 커다란 수정이나 괄목할 만한 변화 없이 16세기까지 유럽에 널리 사용되었다.

과학적 사고

살펴보았다시피 그리스의 자연철학은 그것의 진위 여부를 떠나 체계가 무엇을 어떻게 설명하는가를 살펴보면 오늘날의 과학과 같다. 신학이나 철학 등 다른 학문은 아니라는 뜻이다. 만약 그리스 과학이 없었다면 후대의 사람들이 자연을 탐구하여 과학을 발전시키는 일은 거의 불가능하였을 것이다. 그리스 사상가들은 밀레투스학파가 던진 이론적 의문을 시작으로 우주 만물을 설명하는 논리를 저마다 개발하였다. 신화나 초월적인 관점을 배제하고 논리적이고 이론적으로 구축된 그리스의 과학적 모형은 유럽의 자연 철학자에게 고스란히 계승되었다. 비록 오늘날의 관점에서 많은 부분이 올바르지 않을지라도 중요한 것은 과학적으로 생각하는 방법을 그리스의 자연철학은 가르쳤다는 사실이다. 과학적 사고를 이어받은 서양은 고대 자연철학을 통해 자연에 대한 과학적 모형의 이해뿐만이 아니라 풀리지 않는 문제를 개선하여 발전시키려 하였다.

과학적 사유가 왜 중요한지 동양을 보면 알 수 있다. 동양은 자연을 바라보는데 신화적 요소와 초월적 요소를 벗어난 적이 없었다. 고대 그리스의 자연철학과 같은 과학적 사유로부터 도출되는 사상은 존재하지 않았다. 중국에서 지구가 둥글다고 인식한 것은 16세기 말이 되어서야 일어난 일이다. 유럽에서 파견된 선교회[12]에 의해 기독교가 전파되기 전까지 지구가 둥글다는 사실을 전혀 몰랐었다. 오히려 지구가 둥근지 평평한 지 자체가 의문의 대상이 아니었다는 표현이 맞다. 그러므로 서양으로부터 과학이 전수되고 나서야 동양에서 과학적 사고가 시작되었다고 볼 수 있다. 과학의 이해와 발전에 과학적으로 사고하는 것이 얼마나 중요한지 알 수 있다.

그렇다면 당시에 여타 문명이 다수 존재했음에도 왜 오직 그리스에서 과학적 사유가 번성하였을까? 당시의 사회는 모두가 위계적 질서가 강했던 왕정이었던 반면에 그리스는 도

12 이탈리아의 예수회 선교사인 마테오 리치에 의해 서양 학문이 전수되었다. 이때 처음으로 서양과학이 소개되었다.

시 국가라는 독특한 정치 체계를 가지고 있었다. 도시 국가는 사회가 꾸려지는 방식과 국가 유지에 필요한 법이 모든 시민의 참여로 창출되어 잘 다스려졌다. 그런 연유로 표현의 자유가 컸고 다른 사회에 비해 위계적 조직이 약하였다. 그들 자신이 만든 법을 특히 중요하게 생각하여 합리적 태도와 정신을 소유하게 되었다고 추측할 수 있다. 이러한 합리성이 자연에의 탐구로 이어졌다고 할 수 있지 않을까? 덧붙여 우주 만물의 본성에 대한 사유에 시간을 할애할 만큼 사람들이 충분히 잘 살았던 것 같다. 합리적 사고와 경제적인 풍요가 과학을 창출해낸 원동력이 되었을 것이다.

제2장 자연철학의 승계

고대 자연철학[13] 체계가 구축되고 거의 이천 년 동안에 이를 넘어서는 새로운 과학은 없었다. 오늘날의 관점에서 틀린 부분이 많은 것을 상기한다면 긴 기간 동안 진위를 판가름하거나 다르게 발전시키거나 하는 시도가 없었다는 것이 오히려 이상할 수도 있다. 그러나 아이러니하게도 대부분의 그리스 사상은 곧바로 유럽에 전해지지 않았다. 12세기가 되어서야 그리스 사상이 유럽에 본격적으로 알려졌으니 얼추 1천5백 년 후이다. 이처럼 매우 긴 기간 동안 사람들이 몰랐기 때문에 그리스 사상은 사람들의 관심에서 멀어져 있었다. 급작스럽게 나타난 그리스 사상은 12세기 중세의 사상가들을 매료시켰다. 그리스 사유의 엄청난 깊이와 방대함에 놀라움과 함께 커다란 자극을 받은 것은 두말할 필요도 없다. 이후 15

---

[13] 이 책에서 고대 자연철학과 고대과학은 같은 뜻으로 쓰였다.

세기에 르네상스가 시작되기 전까지 약 3백 년 동안 고대 자연철학은 사람들에게 이해되고 회자 되었다. 그렇다면 플라톤과 아리스토텔레스 이후에 12세기까지의 기간에 무슨 일이 있었고 어떻게 전해질 수 있었는지 살펴보는 것은 중요하다. 그리고 소개된 고대 자연철학 체계가 중세 유럽에 어떤 영향을 끼쳤는지 이 장에서 알아본다.

힘겨운 명맥 유지

로마 시대에는 그리스 철학이 전반적으로 매우 어려운 지경에 처했다. 그리스 사상에 관한 관심이 옅어 나돌아다니는 그리스 문헌은 간결한 요약본뿐이었고 그것도 주로 플라톤에 관한 것이었다. 수학, 과학, 수사학, 논리학, 정치학, 윤리학, 시학 등 대부분의 사유는 거의 무관심한 상태로 남아있어 존재조차 불분명하게 되었다. 자연스레 거의 모든 분야에 저작을 남긴 아리스토텔레스의 존재도 희미했다. 더군다나 이러한 사고를 권장하는 사회도 아니었고 관련 저술도 매우 구하기 어려운 시절이었다. 철학은 스토아주의 외에 에피쿠로스주의, 회의주의 및 신플라톤주의로 그리스 사상의 명맥이 근근이 유지되었으나 이전 시대와 같은 활기는 찾아볼 수 없었다. 철학자도 손에 꼽을 만큼 적었다. 에피쿠로스주의의 루크레티우스, 스토아주의의 에픽테토스, 세네카 및 아우렐리우스와 회의주의의 키케로가 기원전 1세기에서 기원후 2세기에 걸친 로마제국 초기의 사상가 전부였다. 이 중에 실용을 강조한 스토아학파가 상대적으로 번성하였고 실용의 강조는 개요서나 백과사전식의 박물지를 유행시켰다.

플라톤의 사상은 당대나 이후에도 계몽적이고 유용한 것으로 여겨졌다. 그러므로 플라톤 후의 그리스 철학은 플라톤의 사상을 정교하게 다듬거나 그와는 반대의 사유를 하는 것이 주를 이루었다. 이런 연유로 그가 세운 학습기관인 아카데미아는 900년 동안이나 유지될 수 있었다. 플라톤의 사상에 신적 체계를 접목한 사상인 신플라톤주의는 초기 기독교 교리에 그리스 문화를 수용하여 플라톤의 사상을 계승하여 발전시켰다.

신플라톤주의자는 세상을 연속적 위계질서 안에서 바라보았다. 가장 높은 곳에 초월적 신이 존재하며 가장 낮은 곳에는 무생물이 존재한다. 그 사이에 식물, 동물, 인간 및 영적 존재가 있어 이를 자연의 사다리라고 하였다. 인간은 사다리를 올라가며 영혼의 상승을 꾀해야 한다고 주장하여 종교적인 관념을 띠었다. 종교적 개념의 기저에는 모든 것이 질서정연한 세계의 합리적 구조를 기반으로 자신을 다스려야 한다는 플라톤 사상이 있었다. 신플라톤주의의 초기 기독교인은 자연철학에 대해서도 관대하여 그나마 자연철학의 명맥을 유지하는 숨통의 역할을 하였다. 이들은 과학과 수학에 사상 기반을 다지므로 후대의 과학과 수학의 발전에 공헌하였다.

아우구스티누스가 AD4세기에 신플라톤주의를 처음으로 신학과 접목하므로 신플라톤주의의 영향이 극대화되었다. 그의 철학은 여러 학파가 생겨날 정도로 중세의 스콜라주의자에 지대한 영향을 끼쳤다. 아우구스티누스는 자연철학을 배워야 한다고 주장할 만큼 자연철학에 관심이 커 성경을 문자 그대로 믿으면 안 된다고 하였다. 그러나 신학과 그리스 사상과의 접목에도 불구하고 전반적으로 그리스 사상은 쇠퇴의 길로 접어들었다. 제국이 동과 서로마로 나누어진 이후에는 그리스 사상의 깊은 사유인 형이상학적인 측면조차 매우 등한시되었고 급기야 서로마가 멸망한 AD 5세기에는 아예 자취를 감추었다. 기독교가 국교로 들어선 5세기에서 10세기까지의 유럽에 이 현상은 더욱 심화 되었다. 지적인 사람은 신학이나 법학 또는 행정에 매달렸다. 극소수의 성직자들에 의해서 그리스의 사상이 보존되는 노력이 이어지기는 했으나 전반적으로 영원히 사멸되는 위기에 내몰렸다. 사상을 접할 기회조차 없으므로 당시의 유럽은 자연철학을 가치 있는 학문으로 받아들이지 않았다.

이슬람 문명이 시작되면서 자연철학을 포함하여 학문이 번성하게 되었다. 무엇보다도 인류 문명사에 매우 중요한 일은 이슬람이 그리스 자연철학을 받아들여 이를 발전시킨 것이다. 이슬람교가 시작되고 7세기부터 번성한 이슬람 문명은 소아시아, 북아프리카 및 유럽 일부분의 정복과 함께 시작되었다. 이슬람의 유럽 정복이 이루어진 이후에 그리스 사상은 아랍과 이슬람 문명에 흡수되어 독자적으로 발전되었다. AD 8세기에 그리스 사상에 관한 모든 저작의 아랍어로의 번역이 왕국의 주도로 이루어졌다. 그리스 저작들은 헬레니즘 시대 이후 동방에서 보존되어 동방 비잔틴 제국을 통해 아랍으로 전해진 것들이었다.

이 당시 대부분의 그리스 사상이 교재로 쓰여 사상은 일반화되었다. 이슬람에 의한 그리스 사상 연구는 10세기에 꽃을 피웠다. 이들은 의학, 천문학, 연금술 등에 커다란 관심을 쏟았다. 실용 과학이 매우 발달하였고 천문학의 연구는 종교의 특성상 메카의 방향을 알아야 하는 것과 관련이 깊어 활발할 수밖에 없었다. 이슬람 학자들에게 신플라톤주의와 아리스토텔레스의 철학은 주요 연구 대상이었다. 특히 아리스토텔레스의 자연철학에 대단한 열정을 쏟았다. 그들은 체계적이고 포괄적인 아리스토텔레스의 체계에 매료되었다. 이 시기는 그리스의 자연철학 체계를 기반으로 이를 발전시켜 그리스의 과학을 능가한 이슬람 과학의 전성기였다.

스콜라 철학

유럽에 그리스 사상이 알려진 것은 11세기에서 13세기 말까지에 걸친 십자군의 동방원정을 통해서였다. 이 시기에 아랍어로 써진 수많은 그리스 사상을 접하고 12세기[14]에 아랍과 비잔티움에서 아랍어본이 라틴어로 번역되었다. 이때 소개된 저작이 유클리드의 기하학, 갈레노스의 의학, 프톨레마이오스의 천문학과 아리스토텔레스 사상의 대부분이다. 그리스 사상은 당시의 사람들에게 놀라운 학문 체계였으므로 이를 접한 사람들은 깊은 감명을 받았다. 당시에 막 설립된 대학에서 교재가 될 만큼 그리스 사상은 사회적으로 뿌리내리게 되었다. 이 가운데 의학, 기하학, 천문학, 수사학 및 논리학 등의 그리스 자연철학은 교과과정의 핵심 부분이 되었다. 특히 사람들은 아리스토텔레스의 사상에 크게 주목했는데 이슬람 문명이 방대한 아리스토텔레스의 자연철학을 연구하고 발전시킨 결과물과 그의 대부분의 저작이 이때 알려졌기 때문이었다. 이로써 서양 학문은 15세기의 르네상스 시대 전까지 거의 전적으로 아리스토텔레스의 체계에 초점이 맞추어진다.

아리스토텔레스의 권위가 가장 돋보인 곳은 스콜라 철학이었다. 11세기에 시작된 초기 스콜라 철학은 기독교의 신학에 바탕을 두고 철학이 추구하는 진리 탐구와 인식의 문제를 신앙과 결부시켜 사유하였다. 인간이 지닌 이성 역시 신의 계시 혹은 전능 아래에서 이해하려 하였는데 이성을 고려하여 종

---

14 이 시기를 12세기 르네상스라고도 한다. 15세기의 르네상스와 다른 점은 12세기에는 학문 부흥 운동이었고 15세기는 문학과 예술을 더 포함하여 문예 부흥 운동이었다.

교와 철학의 문제를 합리적으로 분석하는 것이 방법이었다. 스콜라 철학은 아리스토텔레스의 체계를 기반으로 광범위하게 논리학을 발전시켜 12세기 후반에 전성기를 맞이하였다. 주제에 적용되는 논리적 질문과 토론에 관한 엄밀하고 형식적인 방법론이 개발되었다. 하지만 아리스토텔레스의 사상은 감각적으로 경험 가능한 것들만 실제로 존재하는 것으로 규정하기 때문에 신적 존재의 믿음과는 상반되어 보였다. 영적인 것을 부정하는 인상을 주어 그릇된 교리로 여겨져 기독교로부터 파문이라는 위협의 긴장 속에 있었고 금기시되기도 하였다. 실재를 감각적 경험의 대상에 한정하여 실체적 실재론을 근거로 하는 그의 자연과학의 방법론과 신학의 창조신앙이 내포하고 있는 세계관과의 조화가 없어 보였다. 플라톤의 사상이 이데아와 신을 논리적으로 대비하여 비교적 간단하게 신학에 접목될 수 있었던 것과 대조된다.

13세기의 아퀴나스는 아리스토텔레스의 자연과학적 방법론과 창조신앙을 조화롭게 해석하는 데 결정적 역할을 하였다. 아리스토텔레스의 목적인의 개념을 신과 유비 시키므로 그의 사상을 신학과 접목하여 기독교 신학을 이성적인 논리로 체계화[15]하였다. 이로써 교회가 과학적 진리를 가지게 되었고

[15] 이를 집대성한 저작이 '신학대전'이다. 토마스 아퀴나스는 아리스토텔레스의 사상을 신학에 접목하므로 플라톤 사상을 신학에 접목한 아우구스티누스와 함께 기독교 신학의 학문화에 결정적인 공헌을 하였다.

동시에 철학적 담론도 포함하여 아리스토텔레스의 사상은 기독교 사상에 동화되었다. 방대한 과학과 철학은 신의 절대성을 부가시키도록 논리를 확장하는데 적용되어 신적 진리의 정당성을 더욱더 굳건하게 하였다. 역으로 아리스토텔레스의 자연철학 체계는 교회로부터 지지받았으므로 그의 사상은 진리로 받아들여졌다. 그러므로 중세 사상가에게 아리스토텔레스의 권위는 매우 컸다. 중요한 지식은 오직 그의 체계였으며 과학은 기독교 신학에 부차적으로 꼭 필요한 것으로 인식되어 그의 자연철학은 더욱 굳건해졌다. 아리스토텔레스 체계는 으뜸 원리였고 사람들은 그 원리를 이해하고 원리를 바탕으로 세부적인 발전을 꾀했다. 그의 철학은 포괄적이고 그것들을 대체할 다른 설명이 없을 만큼 체계적이었다. 이런 연유로 초기 사상가들은 자연철학의 발전에 대한 인식이 없었다. 지식이란 과거 사람들이 알았던 것을 찾아내어 복구하는 것으로만 알았고 원리가 잘못되어 있으리라고 미처 생각하지 못했다.

그러나 시간이 흐르면서 기존의 지식은 변화를 맞이하게 된다. 아리스토텔레스 체계도 예외가 아니었다. 신학 체계가 확립되는 수백 년에 이르는 기나긴 과정 동안 사상에 의해 뒷받침된 기독교는 일반 신앙에서 학문화된 교리를 가지므로 유럽에 뿌리내리는데 확고한 토대를 구축했다. 다른 한편으로 신학에 편입된 그리스의 철학 사상에 관한 연구는 광범위하게 진행되었다. 자연스레 자연철학에 눈을 돌리게 하는 효과를 가져다주어 고대 자연철학의 학습 및 연구는 빼놓을 수 없는 과정이 되었다. 연구는 기독교의 사제를 중심으로 이루어졌다. 12 세기부터 약 3백 년 동안은 자연철학을 받아들여 지식을 배우고 이 틀 안에서 발전을 꾀했다. 15세기[16]에 이르러서는 새로운 지식으로서의 과학적 발견 등에 대해 열린 자세를 보인 사제들도 나타나게 되었다. 고대 자연철학도 올바르지 않을 수 있다는 생각이 사제들 간에 퍼지게 되었다. 역설적으로 그리스의 자연철학과 신학의 접목이 과학에 관심을 기울이게 했을 뿐만이 아니라 후대에 근대과학의 시발을 알리는데 초석이 된 셈이다. 이 점에서 스콜라학자들의 공헌이 매우 크다.

소우주로서 인체

고대 그리스의 사상을 그대로 이어받은 중세의 자연 철학자에게 세계[17]는 모든 것이 질서정연하고 세상의 여러 구성요소가 정밀하게 연결되어 있었다. 플라톤의 근본 사상과 아리스토텔레스의 체계를 바탕으로 우주는 포괄적이고 체계적

---

16 이 시기에 발족한 예수회는 새로운 과학적 지식을 받아들이는 데 주저하지 않았다. 그러므로 이들의 역할이 새로운 과학의 탄생에 커다란 공헌이 되었다.

17 세계는 자연으로도 이해될 수 있고 우주로도 이해될 수 있다. 그러므로 세계, 자연 그리고 우주는 같은 뜻이다.

으로 구축되어 있어 질서정연하고 완전하였다. 그런데 불변 사상의 조화로움을 극대화하기 위하여 천상의 세계, 지상의 세계만을 연결한 것이 아니고 인체도 연계시켰다. 우주론과 의학이 상호 연관된 논리를 가지므로 체계의 완벽성을 꾀할 뿐만이 아니라 이론을 바탕으로 사람을 치료하는 실용성 또한 갖게 되었다. 이 점이 고대 자연철학을 오랫동안 진리로 여기게 하는데 또 다른 한몫을 하게 했음은 물론이다.

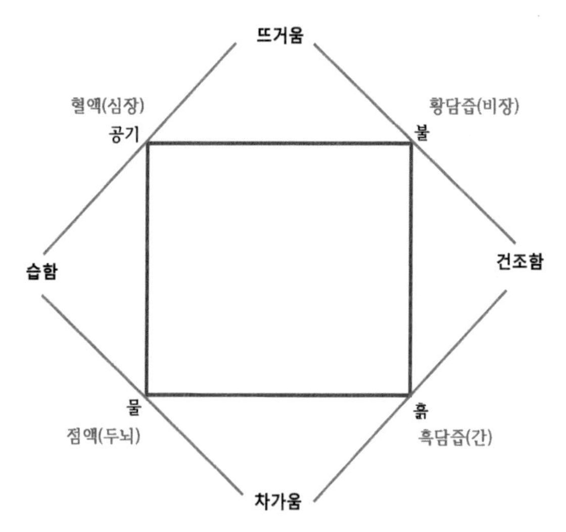

〈그림 3〉 4 원소와 4 체액의 관계도. 물질의 네 원소와 인체의 네 체액은 서로 대비되고 각각의 체액은 인체의 대표적 장기와 대비되었다.

대우주와 소우주(인체)는 아리스토텔레스의 4원소설과 인체를 연결하는 4체액설을 기반으로 서로 연계되어 있다. 4체액설은 AD2세기에 갈레노스가 주창한 것으로 히포크라테스학파의 4체액을 계승한 하나의 방대한 체계이다. 그는 인체의 기본 성분이 4체액이라는 관점에 네 가지 체액이 결합하여 조직들을 만들고, 조직들이 결합하여 기관들을 형성하며, 이 기관들이 엮어져서 신체를 이룬다고 주장하였다. 아리스토텔레스의 4원소설과 대비됨을 알 수 있다. 지상과 천상을 포함하여 인체도 같이 논하므로 전체를 통합한 이론이 고대 자연철학 체계였던 셈이다. 체액 이론이 어떻게 우주론과 연결되어 있는지 알아보자.

체액 이론은 고대 의학 이론의 주요 토대로서 인체가 혈액, 점액(가래), 황담즙 및 흑담즙의 네 가지 체액으로 구성되어 있다고 보았다. 인체가 건강하기 위해서 장기들이 튼튼해야 하고 몸 안의 네 가지 체액 간의 적절한 균형이 유지되어야 한다. 중요한 것은 4 체액이 물질의 4 원소인 흙, 물, 공기 및 불과 대비된다는 점이다. 원소들의 차고 습하고 뜨겁고 건조한 성질은 네 가지 체액의 상태와 서로 대응되고 인체 내의 장기와도 관련되어 있다. 차갑고 건조한 원리는 흙과 우울 체액인 흑담즙이 담당하고 장기 중에 비장이 이에 해당한다. 차고 습한 원리는 물과 체액의 점액과 대비되고 대응되는 장기는 두뇌이다. 습하고 뜨거운 원리는 공기와 혈액과 대비되고 심장에 해당한다. 뜨겁고 건조한 원리는 불과 황담즙과 간이 관계된다고 보았다. 모든 질병은 네 가지 체액의 불균형 상태로부터 생겨나기 때문에 이들 체액 간의 균형 회복이 중요하였다. 체액의 균형을 유지하기 위하여 식단을 상황에 따라 맞추는 섭생법이 주된 치료법이 되었다. 예를 들어 감기는 차고 습한 것이 과도함으로 일어나므로 그 반대되는 따듯하고 건조한 음식과 약으로 균형을 맞추어 처방하는 것이다.

인체의 장기가 4원소와 대비되듯이 대우주의 별도 인체의 장기와 대비되었다. 태어난 별자리와 체질이 정해진다고 보았기 때문인데 이로써 점성술과 인체의 의학에의 접목이 이루어졌다. 천상의 세계인 대우주가 소우주인 신체에 끼치는 영향은 확실하므로 자연스레 별을 다루는 점성술이 인체의 진단과 치료에 핵심적 역할을 하게 되었다. 별에 관한 지식이 인체의 병 등을 고치는 일에 긴요하게 쓰이므로 의학은 일찌감치 매우 중요한 학문이 되었다. 중세기에는 법학, 신학과 함께 의학이 대학의 필수 교과목으로 자리 잡을 만큼 인체에 대한 중요성이 강조되었다. 의학과 깊이 연관된 자연철학 체계 또한 강조된 것은 물론이다.

일상에 뿌리내린 자연철학

중세의 유럽 사회는 우주적으로 상호 연결된 세계를 다양한 방식으로 관조하고 있던 사회였고 이를 통해 인간과 신을 연결할 수 있다고 믿었던 시대였다. 의미와 목적으로 가득 찬 세계였고 불가사의와 경이로움으로 가득 찬 세계였다. 조수 간만의 차이나 황도대와 계절의 관계를 보더라도 이는 경이였으며 달의 공전이 월경 주기와 관련이 있어 보이는 것들은 인간과 신의 연결을 통해 이해될 수 있었다. 이런 관점에서 점성술은 천체가 지구와 인체에 영향을 끼친다는 사상 기반이기 때문에 단순한 점이 아니고 마법적이나 비합리적이 아닌 자연 현상에 근거한 진지하고 정교한 체계였다. 인간의 길흉을 판단하고 더 나은 삶을 위한 도구로서의 점성술은 당시의 유용한 정보의 원천이었다. 물론 오늘날의 관점에서는 점성술을 바탕으로 한 판단으로부터 도출된 정보는 장기간에 축적된 자연철학의 한 산물이었다.

의학이 접목된 완벽에 가까운 자연철학 체계는 인체의 치유 측면에서 일상생활에 광범위하게 영향을 끼쳤다. 민간에서 유행했던 실용적 방법은 자연철학의 바탕에서 도출된 것들이 많았다. 사물의 속성을 드러난 속성과 숨은 속성으로 나눈 것이 대표적이다. 드러난 속성에는 뜨겁고 차갑고 습하고 건조함이나 색깔, 맛, 목소리 등 감각과 관련된 것들이 있다. 드러난 속성을 적용하여 사물 서로에 미치는 작용을 설명하였다. 숨은 속성은 감각으로 감지하지 못하는 속성인데 나침반의 자침이 움직임 현상, 자석, 달과 조수 등이 이에 속한다. 숨은 속성은 예전의 기록이나 자신의 관찰을 통하여 사물의 속성에 대하여 알아내려 하였다.

자연의 유사성과 대칭성도 사물 사이에 연관이 있다고 여겼는데 사물의 유사성은 신이 우주에 숨겨둔 만물의 관련성이 있다는 증거로서 드러난 것으로 생각했기 때문이었다. 그러므로 사물 간의 비슷한 특징을 찾아내기 위하여 사물들 간의 특징을 직접 관찰을 통하여 수집하거나 문헌을 통하여 방대한 지식으로 수집하였다. 유사성은 생긴 모양, 색깔, 행태 등 모든 것이 적용되었다. 태양은 심장과 관련이 있고 황금과 수탉과 사자는 모두 노란색으로 서로 연관되어 있는데 태양도 노란색이므로 이들 사이에 관련이 있다고 믿었다. 해바라기는 해를 좇는 행태를 보이므로 해와 연관이 있고 해는 심장과 유비 되어 해바라기 씨는 심장병을 고치는 약으로 쓰였다. 식물의 생김새가 인체의 어느 부분과 닮으면 그 식물과 인체와 서로 연관이 있다고 믿었다. 호두는 인체의 뇌와 흡사하게 생겼으므로 뇌에 좋은 약으로 처방되었다. 이렇듯 일상생활에 다양하게 고대 자연철학은 스미어 있었다. 이러한 전통은 근대 초기까지 이어졌다.

연금술

고대 자연철학과 같은 논리적 체계는 아닐지라도 연금술(alchemy)을 논의 대상에서 제외할 수는 없다. 실험적 관점에서 근대과학에 커다란 영향을 끼친 분야이기 때문이다. 연금술은 천한 금속을 금으로 변환시키고자 하는 분야였다. 4 원소설에 의해 지구상의 네 원소의 조합으로 다른 물질로의 변환이 가능하므로 금을 제조하는 일도 타당해 보였다. 금속이 흙 속에서 숙성되면서 계속 변하여 최종적인 완성 상태인 금으로 변환되는 것으로 믿었다. 그러므로 흙이 금의 생성을 위한 중요한 요소였고 불은 물질의 속성과 변환 방법을 연구하기 위한 도구가 되었다. 변환을 위해 온갖 실험을 해야 했으므로 연금술사는 인류 최초의 실험자였던 셈이다. 연금술은 불을 도구화하여 연구된 분야로서 오늘날 화학과 같은 유형의 탐구 분야라 할 수 있다.

연금술은 기원전 마법 주의[18]에서 파생한 것으로 금의 제조에 관하여 신비적이고 마술적인 생각들로 이루어져 있다. 그리스 전통의 철학과 숙련된 이집트 기술이 결합하여 알렉산드리아에서 처음 연금술이 시작된 것으로 보인다. 이후 이슬람에서 성행하였고 유럽에서는 12세기에 소개된 그리스 사상들과 혼합되며 연금술이 시작되었다. 연금술사는 금을 제조하기 위해서 금속이 수은과 황의 적절한 조합으로 만들어진다는 황-수은 이론을 아랍으로부터 받아들였다. 변환은 가능하지만 이루어내기는 매우 어렵다고 생각하여 금을 만들기

---

18 기원전 이집트에 기원을 둔 신비주의로서 유럽에서는 단절되었다가 12세기부터 성행하였다. 종교, 문화 등 다방면에 영향을 미쳤다. 헤르메스 주의라고도 한다.

위한 온갖 방법론이 등장하였다.

이를 시험하는 와중에 부차적으로 얻어지는 결과물이 적지 않았다. 증류 기술로 알코올을 만들 수 있었고 에탄올과 무기산 같은 물질을 분리할 수 있었다. 얻어진 황산으로 금을 은과 구리로부터 분리하는 방법도 알려졌다. 연금술은 오늘날과는 전혀 다른 이론을 바탕으로 한 것이지만 의약 목적의 약품 제조에도 이용되었다. 시간이 흐르면서 변환의 가능성 범위가 한층 커지게 되어 오늘날 우리가 화학적이라 생각하는 모든 과정이 연금술의 범위에 포함되었다. 약품의 제조 외에 색소, 염료, 유리, 향수, 소금, 기름 등의 제조법 등 물질에 관한 연구를 포함한다. 연금술은 16, 17세기 초까지 유럽에서 최고조에 도달하는데 점점 더 신비[19]하게 변모되면서 과학과는 점점 더 거리가 멀어졌다. 그러나 사용되었던 수많은 실험의 방법이 오늘날 화학 실험의 모태가 되었으므로 연금술이 근대과학의 성립에 커다란 영향을 준 것은 사실이다. 연금술로부터 비롯된 온갖 실험적 방법론은 18세기부터 화학의 토대를 쌓는데 적용되어 근대과학의 정립에 커다란 공헌을 한다.

---

19 금을 제조하기 위해 '현자의 돌'이 필요하다는 믿음이 신비주의로 전환한 전형적인 예이다.

제3장 무너지는 천상 체계

아리스토텔레스의 자연철학 체계는 많은 부분에서 잘못된 결론을 포함하고 있었다. 관찰에 근거하는 동식물의 분류는 고대나 지금이나 방법에 큰 차이가 없으므로 그의 생물에 대한 분류[20]는 오늘날까지 비교적 정확하다. 반면에 물리학이나 우주론은 당시의 관찰이나 지식의 정도가 오늘날보다 매우 제한적이고 피상적일 수밖에 없으므로 잘못된 부분이 많을

20 아리스토텔레스의 과학적 접근의 문제점으로 충분한 실험과 관찰이 없다는 비판을 받는데 생물 연구는 예외이다. 그는 사물의 본성을 이해하는 개념을 중시하였기 때문에 세상의 다양한 생물체에 관심이 많았다. 다양한 동물들의 형상과 해부학적 구조의 연구를 통해 각 부분의 형상이 어떻게 전체 형상에 영향을 주는지를 알아내어 동물의 형태가 그들 각각의 기능을 반영한다는 개념을 세울 수 있었다. 이 개념은 오늘날도 생리학과 해부학 연구의 주요 특징적 사안이다. 수백여 종에 이르는 동물들을 분류하고 이에 대한 목록을 만들었다. 동물의 배 발생 연구로 후성설을 지지하였으며 종은 불변하여 종 사이의 경계는 영원하다고 하였다. 동물을 번식의 방식에 근거하여 분류하는 합당한 체계를 완성하여 새끼, 알과 애벌레로 번식하는 태생동물, 난생동물과 곤충 등으로 분류하고 이를 다시 속과 종으로 나누었다. 현대의 분류체계는 18세기 린네의 방법이지만 동식물을 분류하는 기본 방법은 아리스토텔레스와 그의 제자들로부터 비롯되었다. 제자인 테오프라스토스는 식물의 분류에 지대한 공헌을 하여 이 시대의 분류는 오늘날까지 커다란 영향력을 행사하고 있다.

수밖에 없었다. 15세기의 르네상스 시대에 지식의 대전환이 시작되었다. 새로운 지식 탐구를 위해 관찰과 실험을 바탕으로 자연을 해석하고 현상들을 올바르게 이해하려는 시도가 싹텄다. 기존의 연역 체계에서 관찰과 실험을 바탕으로 법칙을 찾는 귀납의 방법이 과학에 자리 잡는 징조가 나타나기 시작했다. 귀납이 과학적 연구의 방법이 되고 자연의 진리를 찾는 올바른 방법이라고 확정되는 데는 그로부터 수백 년이 소요되었다.

르네상스

15세기부터 16세기에 걸친 르네상스[21]는 중세에서 근대로 이어지는 과도기로서 근대과학 혁명의 토대가 만들어진 시대이다. 이 시기에 12세기처럼 번역 작업이 이루어졌는데 다른 점은 교회나 권력에 의한 것이 아니고 사회 구성원에 의해 자발적으로 이루어진 것이다. 번역은 12세기와는 비교가 되지 않을 만큼 더욱더 조직적이고 광범위하게 진행되었다. 새로이 알게 된 고대 그리스 지식을 배움의 근본으로 삼을 만큼 새로운 지식의 열망은 당시 사회 전반에 걸친 새로운 변화와 맞물렸다.

21 르네상스는 재생이라는 뜻으로 고대의 지혜를 다시 살려내었다는 뜻이다.

새로운 변화는 크게 세 가지로 나뉠 수 있는데 우선 화약이 처음으로 사용되어 전쟁의 성격과 전투의 양상이 기존과 완전히 바뀌게 되었다. 나침반을 이용하여 대양을 가로지르는 항해가 처음으로 가능하게 되었다. 이로 인해 무역의 규모가 엄청나게 확장되어 막대한 부의 축적이 이루어지고 자원 확보를 위한 식민주의 및 제국주의가 등장했다. 인쇄술이 발달하여 책의 대중화가 이루어져 1500년에 유럽은 이미 천여 만 권이 발간되어 출판의 혁명기를 맞고 있었다. 이러한 새로운 변화에 힘입어 봉건주의가 쇠퇴하고 도시가 번창하게 된 유럽은 회화와 조각 그리고 건축이 발달하게 된다. 사회적 변화 속에 당시 유럽의 군주들은 과시를 목적으로 궁전, 그림, 정원 등 다양한 조형물을 꾸몄다. 과시욕에는 귀한 고서적을 체계적으로 수집하는 것도 있었다. 이 때문에 수도원 등에 묻혀 있었던 온갖 판본들이 세상에 나오게 되었다.

이 시기의 번역은 거의 모든 그리스 사상을 포함할 만큼 방대하였다. 12세기에 아리스토텔레스 외에 다른 철학자의 저작이 거의 없었던 것과 크게 비교된다. 이런 연유로 르네상스 이전의 사람들은 플라톤과 아리스토텔레스가 그리스 사상가의 전부인 줄로만 생각하였다. 특히 아리스토텔레스가 남긴 많은 저작에 매료되어 수 세기 동안 그의 사상은 스콜라 철학의 중심이 되었고 기독교의 지원 아래 체계에 대한 권위는 더욱 굳건해졌다. 그러나 르네상스 시기에 번역된 많은 저작을 접한 사람들은 아리스토텔레스가 그리스 사상가 중의 한 명[22]이라는 사실을 알게 되었다. 그러므로 그의 사상도 여러 사상 가운데 하나였다. 특히 절대적 권위를 부정하는 회의주의는 당시의 자연 철학자에게 아리스토텔레스 사상도 틀릴 수도 있다는 인식을 심어주었다. 회의주의는 인간의 인식은 주관적이고 상대적이어서 인간의 능력으로 절대적 진리에 도달할 수 없다고 하기 때문이다. 그러므로 자연철학도 변화를 맞이하게 된다. 물론 사회 전반에 변화는 컸다. 종교개혁이 진행되는 시기였으며 회화가 일률적이고 상징적인 것에서 사실적이고 표현적으로 바뀌게 되는 등 예술 전반에도 변혁의 바람이 일었던 변화의 시기이기도 했다. 이처럼 여러 분야에서 다양하게 일어나는 변화의 바람은 자연철학에도 여하간 영향을 주었을 것이다.

코페르니쿠스 전환

프톨레마이오스의 천동설은 체계가 만들어진 당시의 천문 관측 결과를 제대로 설명할 뿐만이 아니라 미래의 행성 위치도 예측하는 우수한 체계였다. 그러므로 달력의 제작이나 항해를 위해서 필수적으로 쓰였고 천궁도[23]의 제작 및 점성술

---

22 이 당시 아리스토텔레스는 'The Philosopher'라는 고유의 직함으로 불릴 만큼 유일한 대학자로서 명예와 존경을 한몸에 받았다.

에도 매우 중요한 도구가 되었다. 그러나 우수한 천동설 체계일지라도 작은 오차는 있었다. 오차는 축적되기 때문에 시간이 흐르면서 오차는 점점 더 커졌다. 오차를 줄이기 위해서 주전원을 필요에 따라 그때그때 더 넣는 방법을 사용했다. 그래서 수백 년이 지나서 천동설은 주전원이 수백 개가 되는 복잡한 체계가 되어 버렸다. 그럴지라도 오차는 계속 축적되어 코페르니쿠스가 살던 시대인 1천4백 년 후에는 일상생활에 커다란 영향을 끼칠 만큼 문제가 발생하였다. 보름달의 시기를 전혀 엉뚱하게 예측하기도 했고 춘분이 실제보다 열흘 먼저 일어난다고 예측하는 등 문제가 많았다. 이 때문에 춘분을 기준으로 부활절을 정하는 교회가 애를 먹곤 하였다. 교회가 이 문제를 해결해보고자 노력을 기울이고 있었다.

코페르니쿠스(1473~1543)는 천동설의 부정확성을 해결하기 위하여 지동설(heliocentric theory, Copernican system)을 주장하였다. 1543년에 '천구의 회전에 관하여'를 출판[24]하여 지동설이 대안이 될 수 있음을 보였다. 그는 책을 출판하기 수십 년 전에 이미 지동설을 생각하고 있었다. 출판이 늦었던 것은 지동설을 주장할 만큼 당시의 사회적 상황이 무르익지 않았기 때문이었다. 그러나 출판 당시의 사회는 무언가 새로운 것을 받

---

23 태양과 행성들이 지나가는 길목에 있는 12개의 별자리를 표시한 도면을 말한다.

24 갈레노스의 고대 의학 체계를 대체하며 새로운 의학 체계를 주장한 베살리우스의 '인체에 대하여'가 같은 해에 출판되었다.

아들이는 분위기가 무르익고 있었다.

최고 권위의 아리스토텔레스 체계가 처음으로 이즈음에 위협받고 있었다. 그의 우주 모형은 흙은 무거워서 지구의 가장 낮은 지점에 있고 다음에 무거운 순서대로 물, 공기 및 불의 순으로 되어있다. 그래서 원리적으로 지구는 육지가 없고 물로 덮여있어야 했다. 실지로는 그렇지 않으므로 자연 철학자들은 육지가 물 위로 튀어 나왔다는 것으로 타협하였다. 유럽과 아시아와 아프리카가 서로 연결되어 하나의 대륙이라는 것을 증거로 내세웠다. 그러나 신대륙의 발견으로 이러한 하나의 대륙 개념이 깨지게 되었다. 아리스토텔레스의 체계에 모순이 있다는 것을 보여준 첫 번째 사례였다. 기존에 진리라고 여겨졌던 것들이 틀릴 수도 있다는 것을 상기시켜주는 사건이었다. 고대 자연철학의 체계에 모순이 있을 수 있다는 당시의 이러한 변화는 광범위한 사회적 변화와 맞물려 지동설을 내놓을 수 있었던 계기가 되었다.

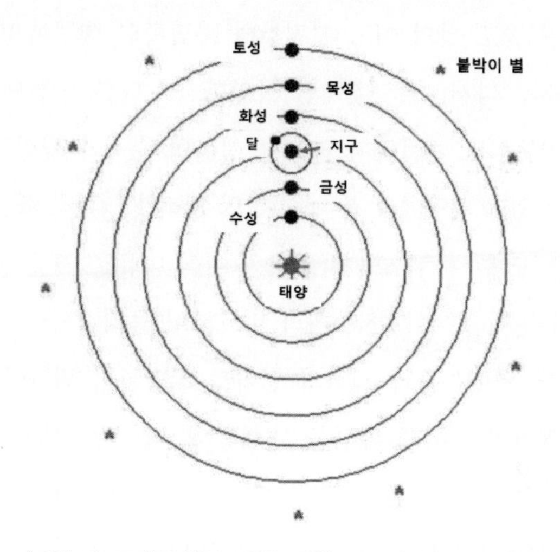

〈그림 4〉 코페르니쿠스 우주 모형. 기본적 틀에서 오늘날의 태양계 운동 모형과 크게 다르지 않다. 다만 그는 프톨레마이오스 천동설의 주전원과 이심률의 개념을 여전히 쓰고 있다.

지동설은 지구를 다른 행성과 함께 태양 주위를 돌게 하는 새로운 체계로서 지구는 공전과 자전을 하였다. 지구 주위를 회전하는 것은 오직 달로서 오늘날의 태양계 모형과 거의 같았다. 문제가 되었던 행성의 역행운동에 대해서 코페르니쿠스는 실제 운동이 아니라 지구가 태양 주위를 공전하면서 행성의 궤도와 겹침으로 나타나는 외관상의 운동이라고 하였다. 이러한 겉보기 운동은 태양 주위로 행성의 궤도를 그려 실제 움직임을 그려보면 쉽게 이해될 수 있다. 궤도 반경이 클수록 느리게 움직이기 때문에 안쪽의 행성에서 바깥 행성의 움직임을 보면 궤도 상의 어느 지점부터 바깥쪽의 행성이 지나간 길을 거꾸로 다시 가는 것처럼 보인다. 또 다른 장점으로 지동설은 천동설로 가능하지 않은 행성들의 순서가 필연적으로 고정될 수 있고 태양에서 각 행성 간의 거리가 명확히 확립된다.

그러나 코페르니쿠스의 지동설은 여러 이유로 크게 반향을 일으키지 못했다. 우선 천동설과 비교하여 물리적으로 단순하지 않았다. 역행운동과 계절의 변화를 설명하기 위하여 여전히 주전원과 이심률의 개념을 내세웠다. 더욱이 지동설 체계는 천동설보다 더 정확하지도 않았다. 더군다나 지구가 돈다는 것을 사람들은 믿지 않으려 했다. 만약에 지구가 자전하면 지구에 붙어있지 않은 생물이나 구름 등은 지구가 움직이는 방향과 반대로 뒤로 물러나야 하는데 그런 일은 일어나지 않는 것이 이유였다. 그들에게는 공전에도 문제가 있었다. 만약 지구가 공전한다면 별들의 시차가 있어야 하는데 관측되지 않았기 때문이다. 시차가 관측되지 않은 것은 시차가 무시 될 정도로 별이 매우 멀리 떨어져 있거나 아니면 지구가 공전하지 않거나 하는 것이지만 이를 공전하지 않는 증거로 내세웠다. 아울러 당시의 천문학자들에게 점성술은 생계유지의 수단이었기 때문에 행성의 위치를 정확히 알려주는 것이 중요했지 무엇이 도는지는 중요치 않았다. 그리고 지동설이 다분히 천문학이라는 일개 학문 분야에서 나온 것이라는 생각이 지배적이었다. 지동설의 주장이 참일지라도 천문학적으로 단순히 계산상의 오류를 고치는 정도로 의미가 희석되어 그냥 넘어가는 듯했다. 핵심은 지구가 태양 주위를 돈다는 것임에도 당시의 전반적 분위기는 지동설에 괘념치 않았다.

그러나 지동설은 사회적으로 당시의 기독교 권력 중심의 유럽 사회에 심각한 사건이었다. 대담하게도 지구가 우주의 중심이라는 기존의 주장을 버리는 것이므로 이 사건은 그때까지의 과학과 신학의 논쟁과는 성격이 매우 다른 것이었다. 플라톤이나 아리스토텔레스 사상 등 기존의 과학적 진리는 신학에 접목되어 신학의 한 부분으로 화해하였다. 그러나 지동설이 등장하므로 신앙에서의 진리와 과학적 진리가 타협할 수 없는 대결 구도가 형성되었다. 지동설이 제시된 이래 진리로 정착되기까지 한 세기가 흐를 만큼 종교적으로나 더 나아가 과학적으로도 받아들이기 쉬운 상황이 아니었다. 그러나 어떠한 경우라도 우주 질서에 참된 모습을 부여해야 한다는 요구는 명백해 보였다.

천상 체계의 문제

지동설이 크게 관심을 끌지 못하는 상황에서 16세기 말에 뜻밖의 사건이 연이어 일어났다. 초신성과 혜성이 나타나 오랫동안 하늘에 모습을 드러낸 것이다. 당시 가장 뛰어난 관측 기술을 가진 브라헤는 두 사건을 통해 새로운 사실을 알아내었다. 어느 날 갑자기 나타난 새로운 별[25]은 대낮에도 보일 만큼 밝았고 거의 일 년 넘게 밤하늘에 머물러 있었다. 별은 붙박이별이었다. 거리를 알기 위해 별의 일주시차[26]를 측정했으나 관측 불가였다. 당시에 시차 측정으로 달까지의 거리는 이미 알려져 있었기 때문에 측정 불가는 별까지의 거리가 적어도 달까지의 거리보다는 크다는 것을 의미했다. 이 사건은 아리스토텔레스의 우주 체계에 의문점을 던져 주었다. 체계에 의하면 천상의 세계는 불변이므로 원래 있던 별은 그대로 있고 새로이 별이 생기지 않는다. 그런데 관측된 별은 새로이 생겨났으므로 지상의 세계에서 일어나는 현상이어야 한다. 그러나 새로운 별의 거리는 달보다 멀기 때문에 지상 세계에서 일어난 현상이 아니었다.

연이어 나타난 혜성에 대해서도 고대체계에 대한 의문은 계속되었다. 아리스토텔레스는 혜성을 달 아래의 지상에서 일어나는 현상으로 여겼다. 혜성이 갑자기 나타나서 사라지는 것은 혜성이 상층 대기의 증기와 같은 것이기 때문으로 비나 우박처럼 대기 현상으로 간주하였다. 그러나 브라헤가 관측한 혜성은 금성 근처에 있어 달보다 훨씬 먼 거리였고 궤도는 마

25 1604년에 새로운 별이 또 등장하여 갈릴레이의 중대한 관심 대상이 되었다. 이 별은 브라헤가 관측한 별보다 훨씬 더 밝았다.

26 일주시차란 지구가 자전과 공전을 하므로 매일 별의 위치가 바뀌는 현상이다. 당시에도 달의 일주시차를 측정하여 달과 지구의 거리 측정은 가능했으므로 일주시차를 측정하지 못했다는 것은 시차가 측정되지 않을 만큼 너무 멀리 있다는 뜻이다.

치 행성의 천구를 관통하는 것처럼 나타났다. 혜성도 달 위의 천상세계에서 일어나는 현상임이 밝혀진 것은 물론이거니와 혜성이 행성들의 천구를 관통하여 운행하는 것처럼 관측되어 구가 실제로 존재하는 것인지 의문시되었다.

아리스토텔레스의 체계가 수정되어야 함을 알게 된 브라헤는 코페르니쿠스 지동설과 천동설을 혼합한 지구와 태양 중심 체계를 제시하였다. 이 체계는 지구는 멈추어 있고 달은 지구 주위를 돌며 다른 행성들 모두는 태양 주위를 돌고 이들 모두가 지구 주위를 돈다는 복잡한 모형이다. 비록 코페르니쿠스의 지동설이 커다란 반향을 얻지 못했을지라도 천동설의 수정이 필요하다는 증거는 계속 드러나는 상황이었다. 고대 지식에 대한 반란은 여기저기서 일어나고 있었다.

원의 마법

지동설이 주전원과 이심률에 의존했더라도 편차는 여전히 있었다. 이 문제는 케플러가 행성의 궤도가 원이 아니고 타원을 이룬다고 할 때까지 해결의 기미가 보이지 않았다. 케플러는 브라헤와는 달리 지동설을 신봉하였다. 전례 없이 정확하고 방대한 관측 기록을 남긴 브라헤의 데이터를 세밀히 분석한 케플러는 태양계 행성의 운동에 관하여 세 개의 법칙을 발견했다. 우선 태양 주위를 도는 모든 행성이 타원궤도를 그린다는 제1 법칙이 있다. 데이터의 분석 결과로 화성의 궤도를 타원으로 결론짓고 이를 태양계의 모든 행성에 적용하였다. 타원궤도로 바뀜에 따라 편차를 보정 하기 위한 수단인 주전원 및 이심률이 필요치 않게 되었다.

그런데 케플러는 데이터 분석의 결과가 타원궤도를 가리키고 있어도 타원이라는 것이 믿기지 않았다. 원을 완벽한 기하 구조를 가져 별의 원운동이 천상세계의 질서정연을 상징하는 것으로 생각한 플라톤의 사상을 이어받았기 때문이다. 원에 대한 믿음은 아리스토텔레스에서 케플러에 이르기까지 의심 없이 수용되었다. 그러므로 조화의 상징인 원의 마법을 깨뜨리는 일이 매우 어려웠다. 미학적 관점과 종교적 관점에서의 믿음은 데이터 분석의 결과조차 의심할 정도로 강하였다. 케플러 법칙이 나온 이후에도 원에 대한 환상은 여전히 존재하였다. 갈릴레이가 행성의 궤도는 원이라고 믿은 것을 봐도 알 수 있다. 역설적으로 자연 현상을 올바로 알기 위해서 그만큼 관측이 중요하다는 것을 의미한다. 행성의 궤도가 타원으로 바뀌면서 행성들을 회전시키는 천구의 개념도 자연스레 사라지게 되었다. 회전시켜 타원을 만들 수 있는 입체는 없기 때문이다.

제2 법칙은 행성의 운동 양상을 규정한다. 태양 주위를 도는 행성이 휩쓸고 지나간 면적은 시간에 비례한다. 타원의 특성상 면적이 시간에 비례하려면 공전하는 행성과 태양의 거리에 따라 행성의 속도가 달라야 한다. 그래서 행성은 같은 면적을 보상받기 위하여 태양과의 거리가 가장 가까운 근일점에서 가장 빠르고 가장 먼 원일점에서 가장 느리게 운동한다. 태양과 행성 간의 거리에 따라 행성의 속도가 달라지므로 행성의 공전은 태양에서 나오는 어떤 힘에 의한 것이라는 추론이 가능하다. 케플러는 길버트[27]의 영향을 받아 행성을 움직이게 하는 힘을 자기력이라 주장했고 영혼이 있는 것으로 묘사하였다.

제3 법칙은 행성이 태양 주위를 한 바퀴 도는데 걸리는 시간(공전주기)의 제곱은 장반경[28]의 세제곱에 비례하는 것으로 더 복잡하게 보인다. 케플러가 신앙으로 신봉했던 미학적 관점에 의하면 세 가지 법칙 모두는 전혀 아름답지 않았다. 궤도가 완벽한 원 대신 타원이라는 것도 운동의 속력이 균일하지 않은 것도 믿기 어려운 것이었다. 제3 법칙은 가장 이해되지 않는 것으로 어떤 양의 제곱이 다른 양의 세제곱에 비례하는 복잡한 방법으로 행성의 운행이 이루어진다는 것을 상상할 수가 없었다. 우주가 조화로운 질서 가운데 존재하는 것이

27 학자로서 자기 현상을 연구하여 지구가 자석임을 밝혀내고 지극을 알아내었다. 지구가 도는 힘의 원천을 자기력으로 규정하였다. 그가 1600년에 출판한 '자석에 대하여'는 후대에 케플러, 갈릴레이 및 데카르트 등에 커다란 영향을 주었다.

28 타원은 원과 달리 두 개의 초점과 두 개의 반경이 있다. 긴 쪽이 장반경이다.

라면 행성의 운행은 간단히 선형적 비례 관계에 있어야 하는데 전혀 그렇지 않았다. 그러나 케플러는 그가 굳건히 유지해온 미학적 관점의 믿음을 결국은 버려야 했다. 주어진 데이터의 정밀한 분석이 행성의 운행을 올바로 알려주는 유일한 단서이기 때문이었다. 세 번째 법칙은 후에 뉴턴이 만유인력의 법칙을 유도하는데 결정적인 역할을 하였다. 우주의 조화로운 질서는 비례 관계의 복잡도의 여부가 아니라 그렇게 운용되도록 하는 중력 법칙에 있음이 후일 뉴턴에 의해 확인되었다.

지동설의 증거

길버트와 케플러가 지동설을 지지한 것은 천동설과 비교하여 수학적으로 단순한 일관성 때문이지 증거가 있기 때문은 아니었다. 증거는 지동설이 제안된 지 70여 년 후에서야 나오게 되었다. 그 기간에 신학에 빌붙어 과학적 진리를 인정하지 않으려 한 사람이 태반이었지만 노골적으로 지동설을 주장한 부르노는 화형을 당했다. 지동설을 지지하는 관측 증거를 최초로 제공한 사람은 갈릴레이(1564~1642)였다. 증거들은 역사적으로 처음으로 과학과 종교가 대립하는 극적인 순간의 빌미를 제공했다.

갈릴레이는 당시에 처음 발명된 망원경을 직접 제작하여 천체를 관측하는데 적용하였다. 갈릴레이가 관측한 것들 모두가 아리스토텔레스의 체계에 반하는 것이었다. 망원경을 통해 본 달은 산과 계곡으로 구성되어 지구와 같은 구조였다. 아리스토텔레스의 지구는 흙으로 구성된 유일한 천체이고 천체의 다른 별은 부드럽고 매끈한 완전 구형인데 그렇지 않다는 것이 확인되었다. 연이어 관측[29]된 목성의 4개의 위성은 천동설의 구조로는 설명할 수 없었다. 천동설은 지구를 중심으로 모두 7개의 별(태양, 달, 수, 금, 화, 목, 토성)이 도는 이상적인 원 구조를 가지기 때문이다. 지구가 아닌 다른 별을 도는 천체가 발견되므로 지구가 회전하는 천체를 가진 유일한 행성이 아니었다. 태양에 흑점이 있을 뿐만이 아니라 흑점의 주기적인 움직임을 관측하여 태양의 자전을 발견했다. 태양은 아리스토텔레스가 말한 대로 완전체도 아니고 불변적이지도 않고 지구만 자전하는 것이 아니었다. 금성의 위상 변화는 지동설이 옳다는 것을 입증하는 결정적 증거가 되었다. 위상의 변화는 금성이 태양 주위를 돌지 않으면 일어날 수 없는 현상이다. 마지막으로 천구에 고정되어 있다고 한 붙박이별이 맨눈으로 관찰되는 별보다 훨씬 많은 별이 있음이 확인되어 이 모두가 천구에 붙어있기는 무리로 보였다. 갈릴레이는 지동설을 100% 확신[30]하였다.

---

29 목성의 위성은 오늘날 20개가 넘게 관측되었다. 당시 갈릴레이는 가장 밝은 위성 4개를 관측할 수 있었다.

30 갈릴레이의 망원경 관찰을 계기로 17세기 중반에는 가상디가 태양을 통과하는 수성을 관찰

코페르니쿠스의 지동설은 새로운 사고 체계였으므로 기존의 우주관과의 충돌을 피할 수 없었다. 갈릴레이의 종교재판[31]은 지동설이 옳다는 것을 확신한 한 과학자가 진리 앞에서 물러설 수 없는 학자로서의 양식과 기존의 것을 고수하려 한 교회와의 대립이었다. 그러나 여러 정황을 보면 학자의 양심보다는 진실을 알고 있는 그에게는 지동설을 거부하는 교회가 신에게 불경을 저지르는 것이었다. 신의 절대성을 인간의 잘못된 진리 앞에 무릎 꿇게 할 수는 없었을 것이다. 문제는 진실을 오직 그만 알고 있었다는 것이었다. 교회와 갈릴레이의 대립은 지동설을 주장하거나 근거가 되는 모든 것들을 금지하는 지경으로 치달았다. 출판된 지 70년이 지난 코페르니쿠스의 책도 판매가 금지되었다. 갈릴레이의 목숨은 브루노와 같이 위태한 지경에 이르렀다. 그러나 갈릴레이가 논쟁의 수행을 포기함으로써 갈등은 극적으로 봉합되었다. 그는 지구는 돌지 않으며, 자신이 망원경으로 본 것은 안 본 것과 같다고 고백했다. 싱겁게 끝난 것처럼 보였으나 포기는 오히려 과학 자신의 지위를 굳건하게 했다.

진리는 코페르니쿠스의 예에서 보듯이 기존의 질서와 화해

하고 호이헨스는 토성의 고리와 위성을 발견했다. 이어서 카시니는 토성의 위성 4개를 발견하고 이즈음 달의 지도가 작성되었다. 지동설의 증거는 쌓여만 갔다.

31 1992년, 교황청은 갈릴레이 재판이 잘못된 것이었음을 인정하고, 갈릴레이에게 사죄하였다. 갈릴레이가 죽은 지 350년 후의 일이다.

하거나 대립하며 더 밝혀지게 되는 역동성을 가지고 있다. 진실일지라도 그것을 받아들이는 과정은 그리 단순하지 않다. 진리는 변하지 않는 것이 아니라 시대에 따라 변하고 일반적으로 인간의 인식이 당시에는 미치지 못하므로 후대에 알게 되는 경우가 많다. 물론 지구가 편평한 것이 진리인 시절이 있었던 것처럼 말이다. 갈릴레이의 역사적 발견 이후로 점진적으로 프톨레마이오스의 천문학이 쇠퇴의 길을 걷게 되었다. 천구의 개념도 사라지게 되어 아리스토텔레스의 유한 우주 대신에 무한 우주 개념이 들어서게 될 자리가 마련되었다.

제4장 흔들리는 지상 체계

천상 체계에서의 문제는 지상 체계에도 문제가 있을 수 있음을 함의한다. 갈릴레이는 아리스토텔레스의 지상에서의 물체의 운동을 다룬 운동학에 대해서 일찌감치 의문을 품은 장본인이다. 아리스토텔레스는 운동을 자연적 운동과 비자연적 운동으로 나누었다. 자연적인 운동은 지상에서는 직선운동이고 천상에서는 원운동을 의미했다. 직선과 원운동이 아닌 것은 모두 비자연(또는 강제적) 운동으로 분류하였다. 직선운동은 위와 아래의 두 방향이 있어 무거운 것은 하강하고 가벼운 것은 상승한다. 원운동은 시작과 끝이 없이 영원히 지속하는 불멸의 것이었다. 그의 이러한 체계는 오늘날의 물리학적 관점에서 운동학이라기보다 오히려 움직이는 종류를 나눈 분류에 가깝다.

갈릴레이는 물체가 단순히 움직인다는 차원에서 벗어나 물체의 위치, 속도 및 가속도의 개념으로 물체의 운동을 이해하려 하였다. 이러한 방법으로 물체는 무게와 상관없이 낙하한다는 사실과 투사체 운동은 물체가 무엇이든지 관계없이 포물선의 궤적을 그린다는 사실을 알아내었다. 그가 직접 실험을 수행하여 알아낸 일련의 새로운 발견은 고대 운동 체계의 수정을 의미했다. 바야흐로 천상 체계뿐만이 아니라 지상 체계 또한 흔들리고 있었다.

새로운 운동학

아리스토텔레스에 의하면 물체가 낙하하는 것은 물체가 무겁기 때문으로 무거움이 목적인이 된다. 그러므로 더 무거운 물체는 더 빨리 낙하한다. 물론 사람들은 감각적으로 무거운 것이 가벼운 것보다 더 빨리 떨어질 것으로 생각한다. 그러나 갈릴레이는 속력이 다른 두 물체를 묶으면 느린 물체는 빠른 물체의 속력을 감소시키고 역으로 빠른 물체는 느린 물체의 속력을 증가시키게 되므로 묶어진 두 물체의 속력은 무거운 물체의 속력보다 느리게 된다고 추정하였다. 이는 묶어진 두 물체의 무게는 각각의 물체보다 무거우므로 더 무거운 것이 빨리 떨어진다는 아리스토텔레스의 주장과 모순된다. 갈릴레이의 사고실험은 일리가 있으므로 그의 판단이 옳다고 단정할 수 있다.

갈릴레이의 위대성은 사실 여부를 판단하기 위해서 사고실험에 그치지 않고 물체의 자유 낙하 운동에 대한 정확한 측정을 시도한 것에 있다. 물체가 떨어질 때 속도는 일정하게 늘어날 것이라고 가정하여 같은 시간 동안 속도도 같은 비율로 커질 것이라고 추론했다. 그런데 떨어지는 물체는 오늘날에도 특수 도구가 없으면 시간을 제대로 측정할 수 없을 만큼 매우 빠르다. 그래서 갈릴레이는 경사면에 공을 놓아 굴러가게 하여 속도를 늦췄다. 자유 낙하는 수직의 경사면과 같으므로 경사면 아래로 구르는 공의 속도보다 수직 경사면에서 더 크다는 차이일 뿐이다. 그러므로 경사면 실험을 통하여 자유 낙하 실험을 할 수 있다고 생각했다. 경사면의 기울기에 따라 속도의 변화를 측정하는 것이므로 실험의 성공 여부는 시간의 정확한 측정[32]에 달려 있었다.

17세기의 시계는 오늘날처럼 정교하지 않았기 때문에 사용할 수 없었다. 대신에 특수 제작된 물시계를 이용하여 공이 특정 거리만큼 이동했을 때의 시간을 측정하였다. 이 방법도 매우 어려워 수많은 시행착오 끝에 공이 지나간 거리는 시간의 제곱에 비례함을 알아냈다. 관계식은 경사각과는 상관없이 자유 낙하를 비롯하여 물체의 운동에 일반적으로 적용될 수 있었다. 중요한 것은 질량과 관계없이 모든 물체는 같은 속력

---

32 속도는 단위 시간당 움직인 거리로 정의되므로 굴러 내려간 거리와 소요된 시간을 측정한다.

으로 떨어진다는 사실이었다. 이로써 운동은 물체가 하지만 물체 자체는 운동과 무관하다는 것이 밝혀졌다. 질량이 목적인이라는 아리스토텔레스의 개념은 틀렸다.

일련의 실험으로부터 기존의 그저 움직인다는 운동의 개념에서 속도와 가속도의 개념이 분리되었고 등속과 등가속운동이 있음이 알려졌다. 논란이 되었던 투사체 운동에 대해서도 물체는 중력에 종속되어 가속되고 궤적은 항상 포물선[33]을 그린다는 것이 알려졌다. 투사체 운동은 수평 방향의 등속운동과 수직 방향의 등가속운동이 합쳐진 것으로 설명될 수 있었다. 갈릴레이는 경사면 실험에서 평평한 상태에서 마찰력이 없다면 물체의 운동 상태가 계속 유지될 것이라 추론하였다. 이로부터 외부에서 힘이 가해지지 않으면 물체는 주어진 속도로 계속 운동한다는 관성의 개념에 도달했다. 물체가 운동상태를 유지하려면 힘이 필요하다는 아리스토텔레스의 주장을 반박한 것이다. 관성의 개념은 훗날 뉴턴에 의해 정립되어 뉴턴의 제1 법칙으로 승계되었다.

갈릴레이의 실험

위에서 본 바와 같이 물체의 운동에 대해서 갈릴레이가 내

---

33 궤도의 수직 방향으로 낙하하는 거리가 시간의 제곱에 비례하는 궤도의 곡선이 포물선이다.

린 결론은 실험 없이는 불가능하다. 실험 없이 오로지 이성만으로 거리가 시간의 제곱에 비례함을 무슨 수로 알아낼 수 있겠는가? 인위적으로 장치를 만들어 직접 실험해보지 않고는 밝혀낼 수 없다. 1604년의 경사면 실험은 자연 현상을 올바로 이해하기 위하여 구체적이고 조직적으로 수행된 실험이었다. 체계적인 계획으로 장치를 구축하고 측정이 수행된

DISCORSI
E
DIMOSTRAZIONI
MATEMATICHE,
intorno à due nuoue scienze
Attenenti alla
MECANICA & I MOVIMENTI LOCALI,
del Signor
GALILEO GALILEI LINCEO,
Filosofo e Matematico primario del Serenissimo
Grand Duca di Toscana.
Con vna Appendice del centro di grauità d'alcuni Solidi.

IN LEIDA,
Appresso gli Elsevirii. M. D. C. XXXVIII.

〈그림 5〉 갈릴레이의 '새로운 두 과학'의 표지. 지상에서의 물체의 운동에 대한 새로운 해석을 담았다. 천체 운동의 새로운 해석을 담은 '대화'와 함께 근대 과학혁명의 기폭제가 된 저작이다.

인류 최초의 과학적 실험이었다. 갈릴레이는 수많은 반복 실험을 통하여 통계 오차를 줄이려 했고 마찰을 최소화하고 무거운 공을 사용하므로 공기저항이 무시되도록 하여 계통 오차[34]를 최소화하려 하였다. 갈릴레이의 경사면 실험 장치는 오늘날의 입자가속기가 기본입자의 상호작용을 알아내기 위하여 설계, 제작되어 실험에 쓰이는 것처럼 당대의 입자가속기

34 오차에는 통계와 계통오차의 두 종류가 있다. 통계 오차는 실험을 반복할수록 정확도가 높아진다. 그러므로 통계오차는 실험의 횟수를 늘리면 오차가 적어진다. 반면에 계통 오차는 실험을 위해 쓰이는 기계의 결함에서 파생되는 오차로서 횟수를 늘린다고 줄어들지 않는다. 기계오차라고도 한다.

같은 것이었다.

자연 현상에 대해 일반적인 이론을 발견하거나 검증하기 위해서 실험이 반드시 필요하다. 자연 현상은 많은 조건이 복잡하게 얽혀 있어 어떤 특정의 현상을 따로 떼어내어 직접 관찰하는 것은 불가능하다. 그러므로 자연 현상을 인위적으로 제어할 필요가 있다. 길버트가 실험을 직접 수행한 최초의 자연 철학자이기는 하지만 그의 연구는 다른 목적을 위해 이미 만들어진 도구인 나침반을 활용하여 실험에 그대로 이용한 것이지 무엇을 설계하고 제작한 것은 아니었다. 물론 그의 실험 시도는 분명히 후대를 자극했다.

갈릴레이는 자신의 물리적 추론을 검증하기 위해 실험의 방법을 광범위하게 사용했다. 그는 물체의 운동을 이해하기 위하여 자연적으로는 절대로 존재할 수 없는 실험 환경을 인위적으로 만들었다. 알고자 하는 물리량을 변수로 하고 그 밖의 다른 가능한 조건들이 일정하게 유지되도록 분리할 수 있는 장치를 고안했다. 과학에서의 자유 낙하 운동의 연구를 위해서 공을 굴릴 수 있는 경사면과 공이 구르는 시간을 간격별로 측정할 수 있는 물시계를 직접 만들었다. 실험을 위해 필요한 도구를 직접 설계, 제작한 그의 관측과 실험은 과거의 과학과 단절을 선언하는 계기가 되었다.

근대과학의 초석

갈릴레이의 운동학은 운동에 대한 새로운 해석으로 전혀 다른 길로 들어섰다. 그는 운동에 내포된 아리스토텔레스의 의미를 거의 모두 제거하고 새롭게 운동을 정의하여 새로운 역학을 만들어내었다. 그의 운동학은 지상에서의 운동에 관하여 정역학과 유체역학의 방법을 정립한 아르키메데스의 방법론을 확장하는 것과 같았다. 고대의 운동학은 무엇이 물체의 운동을 유지하게 하는지가 주된 관심이었다. 그러나 갈릴레이의 운동학은 무엇이 물체를 정지시키는 가였다. 물체가 '왜'가 아니고 '어떻게' 운동하는지에 관한 것으로 관점이 바뀌었다. 물체가 빨라지는 것에 대해서도 왜 물체가 빨라지는가가 아니라 어떤 방식으로 빨라지는지를 기술했다. 물체의 양적 속성에 방점을 두어 이를 수학적으로 기술하였기 때문에 물체의 운동은 수적이고 추상적 속성을 가지게 되었다. 이로써 갈릴레이는 역사상 최초로 플라톤과 피타고라스의 관점[35]으로 돌아가 수학과 자연철학의 결합을 시도한 인물이 되었다. 실험으로 확증이 필요한 것과 함께 수학적 이론 구축의 필요를 강조하여 근대 물리 연구의 토대를 세웠다.

갈릴레이의 실험이래, 물리적 실재를 올바로 이해하기 위

[35] 플라톤은 우주가 수학의 언어로 써졌다고 할 만큼 그의 수학에 대한 경외심은 높았다.

해서 실험을 통한 자연 현상의 탐구가 필수가 되었다. 갈릴레이의 연구는 사고실험을 통하여 이론적 추론을 세우고 이에 대해 실험을 통한 검증을 거쳐 자연 현상의 발견으로 이어지는 전형적인 귀납적 형태를 가지고 있다. 이전의 시대는 오감만을 가지고 자연 현상을 추론할 수밖에 없었고 이해를 위한 강한 도구로 신비주의가 있었다. 신비주의로부터 이해된 자연현상은 당시의 사람들을 만족시켜 주기는 했으나 자연의 실재는 결코 아니었다. 인간의 이성적 사유가 철학적 논증에는 유용할지 몰라도 자연을 이해하기 위한 수단이 아니라는 것을 사람들은 깨달았다.

갈릴레이의 혁신 이후 자연은 인위적인 환경에서 만이 자신의 비밀을 드러내는 불규칙한 적으로 간주하기 시작했다. 기발한 인공적인 환경을 통해 자연의 비밀을 풀고자 하는 실험적 정신이 싹트게 되었다. 근대과학이 고대과학과 구별되는 가장 큰 특징은 실험과 관찰이 연구의 필수적 요소로서 자리잡은 것이다. 과학은 관찰과 실험을 통하여 일반화된 법칙이 만들어지고 이에 대한 수학적 서술이 필수적인 요소가 되었다. 과학적 지식은 올바른 지식을 담보로 한다. 자연 현상을 올바로 설명하지 못하는 지식은 과학적 지식이 아니다. 실험과 관측을 과학을 하는 방법으로 깨달은 근대의 자연철학자들은 과학적 지식을 비록 단편적이나마 쌓고 있었다. 없던 지식에서 새로 생겨나는 지식으로 과학은 거듭나고 있었던 시대였다. 이 모든 것이 갈릴레이의 공헌이다.

진공은 존재한다

고대 자연철학 체계에서 낙하하는 물체의 운동은 4 원소 중에 흙에 관련된다. 흙의 운동학이 갈릴레이에 의해 수정되자 다른 원소에 대한 물리적 설명도 도전받기 시작했다. 아리스토텔레스는 공기는 무게가 없고 진공은 존재하지 않는다고 하였다. 진공에 가까워질수록 흡인 현상이 커지는 것은 자연이 진공을 싫어하기 때문이므로 진공은 존재할 수 없다는 논리였다. 그러나 토리첼리는 공기에 압력이 있으므로 무게가 있다고 주장하였다. 그는 수은이 채워진 유리관을 수은이 든 그릇에 담가 거꾸로 세우면 관 속의 수은이 흘러 내려 그릇의 수은 표면으로부터 약 76cm 높이에서 멎는 것으로 공기에 압력이 있는 것을 증명했다. 이 현상은 관 속의 수은의 무게와 그릇 속의 수은 표면에 작용하는 대기압이 균형을 이루기 때문이다. 수은 대신에 물을 사용하면 물이 수은보다 13.6배 가벼우므로 10.3[36]m 정도 올라갈 것이다. 파스칼[37]은 지표면을 비롯하여 산에서 높이를 달리하며 실험을 하여 위로 갈수록

[36] 물을 수면에서 10.3 m 이상 올릴 수 없음은 옛날부터 사람들은 이미 알고 있었다.

[37] 압력의 단위는 이들의 이름을 따서 파스칼과 토르로서 사용되며 1 기압은 760 토르이고 이는 약 10만 파스칼과 같다.

공기압이 작아짐을 확인하였다.

공기에 무게가 없다는 주장이 틀렸으면 진공이 없다는 주장도 틀릴 수 있었다. 마그데부르그 반구 실험은 진공이 존재한다는 것을 보여준 첫 사례였다. 두 개의 반구가 접착제 없이 맞대어진 구 내부의 공기를 뽑아내면 반구는 붙는다. 반구 양쪽으로 말이 잡아당겨도 분리되지 않을 만큼 강하게 붙어 있다. 이는 바깥 공기의 압력이 구에 힘을 가하여 반구가 분리되지 않기 때문이다. 이로써 진공은 존재하며 인위적으로 만들어낼 수 있었다. 공기를 빼는 공기펌프가 유행하여 다양하게 실험에 적용되었다. 보일은 공기의 양에 따른 압력을 변화시켜 압력과 부피의 관계를 알아내었다.

신대륙의 발견으로 땅이 물로 덮여있다는 지구의 속성이 틀렸다는 것은 이미 한참 전인 16세기에 알려진 일이다. 갈릴레이의 운동학은 고대 자연철학 체계의 흙에 관한 속성이 틀렸음을 함의했다. 진공의 존재는 공기와 불[38]에 관한 아리스토텔레스의 개념도 틀렸다는 것을 의미한다. 아리스토텔레스의 체계의 근본인 4원소와 4원인의 개념은 흔들리고 있었다. 지구상에 일어나는 모든 변화는 이제 새롭게 해석되어야 할 처지에 놓였다.

38 공기는 대기압에 관한 것이고 불은 혜성 등과 관련된 것으로 이미 설명한 바 있다.

기계론의 등장

아리스토텔레스의 유기체적 관점에서는 대상에 어떤 성질이 실제로 존재한다고 생각하기 때문에 운동 또한 대상에 따라 다른 목적을 가진다. 그에 비해 갈릴레이의 운동학은 어떤 대상이 운동하느냐와는 전혀 관계가 없다. 운동의 양태는 오직 양적으로만 기술되어 물체와는 전혀 관련이 없어 그의 운동학은 원자론 사상과 비슷한 면이 있다. 원자론에 의하면 자연 현상은 눈에는 보이지 않는 입자 운동의 결과이고 입자가 가지고 있는 실제 성질은 크기, 형태 및 운동성이기 때문이다.

이 때문에 갈릴레이의 운동학은 원자론에 기반을 둔 기계론적 철학이 17세기에 크게 유행하는데 자극제의 역할을 하였다. 기계주의가 싹트게 된 연원은 15세기 이후에야 유럽에 알려진 아르키메데스의 업적과 깊은 관련이 있다. 아르키메데스는 정역학과 유체역학 등을 발전시킨 역학적 공헌자로서 여러 물리적 기계를 발명하였다. 그러므로 그는 우주를 불변의 과학 법칙으로 운행되는 기계라고 생각하는 17세기 기계론에 커다란 영향을 끼쳤다.

기계주의는 더욱더 변형되어 세계를 하나의 복잡한 시계 장치 같은 것의 차원을 넘어 생물 또한 모두 기계라는 관점도 나타나게 되었다. 기계는 자연철학의 원리이며 자연은 다분히 기계적이었다. 대표적 기계론자인 데카르트는 물질의 인과관계와 자연법칙에 대한 포괄적이고 새로운 개념을 기계론에 근거하여 세웠다. 물질은 자체의 성질보다는 구성 입자의 형태, 크기 및 배열, 운동 등으로 이해되어야 한다고 하였다. 우주는 불활성 물질 입자로 이루어져 이들의 상호작용 및 충돌로 인한 입자의 운동을 이해하는 것이 우주 구조 이해의 열쇠라고 주장하였다. 극단적으로 생명 현상도 일종의 기계로 설명할 수 있다고 하였다. 호이휜스, 보일, 후크 등도 기계론의 신봉자였다. 특히 보일은 물질의 원자론을 발전시켜 모든 물질은 더이상 쪼갤 수 없는 기본입자로 이루어져 있으며 원소들은 이들의 조합으로 구성된다고 하였다. 기계주의는 17세기 중반까지 번성하여 아리스토텔레스 세계관과 마법주의의 몰락을 이끌었다. 그러나 기계론[39]의 과도한 추구는 유물론에서 무신론으로 이어질 수 있어 당시에 논쟁거리가 되기도 하였다.

지상 세계에 관한 새로운 지식

당시의 사회는 변화의 시대였고 무엇이든지 건드리기만 하면 새로운 것이 밝혀지던 시대이기도 했다. 의학 분야에서도 완전히 새로운 세계가 열렸다. AD 2세기에 구축된 갈레노스의 의학 체계가 중세를 지배했으나 16세기에 커다란 변화의

39 이 시기의 기계론은 후에 뉴턴주의의 괄목할 만한 승리로 쇠퇴하게 되는데 뉴턴주의도 기계론적 관점이므로 이 당시의 기계론을 '엄밀한 기계론'으로 구분 짓는다.

조짐이 생겨났다. 베살리우스는 고대 의학 체계에서 언급한 내용을 그대로 받아들이지 않고 인체를 직접 해부하여 관찰하므로 고대체계의 인체 설명에서 200여 군데의 오류를 발견하여 잘못된 부분을 수정하였다. 돼지나 원숭이를 해부하여 인체에 적용한 고대 해부학이 맞을 리 없었다. 1543년에 출판된 베살리우스의 '인체의 구조에 관하여'는 같은 해에 코페르니쿠스의 '천구의 회전에 관하여'와 함께 새로운 시대를 여는 상징적 저작이 되었다. 골격계나 장기들을 관찰하여 이들 구조를 파악하는 것에 이어서 피의 흐름에 관한 연구도 진행되었다. 하비의 혈액 순환론은 동물의 순환계와 심장에 대한 이해의 기초가 되어 고대체계를 수정하는데 한몫을 하였다.

새로운 관측 도구는 더없는 신세계를 보여주었다. 망원경이 발명되었을 무렵에 같이 발명된 현미경은 아주 작은 새로운 세계가 있음을 알려주었다. 양처럼 큰 파리가 보였고 파리보다 더 작은 생명체들이 있다는 사실도 알려졌다. 자연계의 온갖 특징들이 인간에게 경이롭게 나타났다. 이렇게 알려진 새로운 생물은 17세기 말까지 수백 종에 이르러 식물과 동물의 분류학 발전에 큰 영향을 끼쳤다.

현미경을 통해 정자가 발견되면서 전성설이 또다시 주목받게 되었다. 성체의 모든 기관은 이미 정자와 난자에 축소형으로 존재하고 있으므로 개체는 발생하는 것이 아니라 부풀어 커지는 것, 즉 성장하는 것이었다. 이 설은 각 기관이 성체와는 무관한 조직에서 만들어진다고 주장한 후성설과의 논쟁을 낳았다. 현미경을 통한 새로운 세계는 생물을 기계론적 관점으로 보려는 사조를 강화하였다.

지표면에 대한 인식의 커다란 변화도 일었다. 아리스토텔레스는 지구가 변화가 없는 것으로 간주하였기 때문에 17세기 전까지 지구 자체는 자연철학의 연구 대상이 아니었다. 변화가 없는 지구의 나이는 성경에 근거하여 약 6천 년에서 1만 년 정도 된 것이었다. 그러나 기계론적 철학이 등장하면서 지구 표면에서 일어나는 일도 관찰을 통해 새로운 사실을 알아내야 한다는 생각이 퍼졌다.

데카르트의 소용돌이 이론은 지구의 생성에 관한 설명이 시도된 첫 번째 예로서 지구의 표면에 관한 것이었다. 화석은 암석이 우연히 그런 형태를 띤 것일 뿐이라는 기존의 생각을 반박하여 살아있던 생명체의 잔해라는 주장이 제기된 것도 이즈음이었다. 지층에 관한 연구[40]를 통해 지구 표면에 융기와 침강 등의 극적인 변화가 반복적으로 있었고 화산 활동이 지구의 지형 변화에 큰 영향을 끼친다는 것이 알려졌다. 지구가 대홍수 후에 점토나 진흙이 압축된 안정적인 구조라는 기존의 학설을 완전히 뒤집었다. 지구는 고대 자연철학에서 묘사된 바와 같이 단순하고 정적인 데가 아니라 복잡하고 역동

40 스테노가 지층에 관한 연구를 수행한 최초의 근대적 지질학자이고 화산 연구는 키르허에 의해 처음으로 시작되었다.

적인 변화가 일어나는 곳이었다. 고대 자연철학의 체계는 거의 모든 분야에서 수정될 수밖에 없었다.

다양성과 과학적 변혁

살펴본 바와 같이 고대 자연철학 체계는 15세기부터 약 200여 년 동안 커다란 변화를 겪었다. 처음에는 변화가 새로운 것에 대한 열망으로 나타났다. 열망은 그리스 철학을 이해하는 것으로 시작되었지만 시간이 흐르면서 이해를 넘어 수정하는 단계까지 이르게 되었다. 이러한 획기적인 변화가 이루어지게 된 요인은 무엇일까?

16세기에서 17세기 말에 걸쳐서 스콜라 철학자는 대학의 강의 체제를 전면적으로 개편하였다. 기존의 사변적 자연철학을 근대과학과 유사한 자연의 이해 방식의 체제로 대체하였다. 주지하다시피 과학혁명의 혁신 중 가장 중요한 요소는 자연을 이해하는데 실험의 방법이 도입된 것이었다. 이에는 연금술의 역할이 컸다. 다양한 실험 방법이 처음에는 연금술에 한정되다가 서서히 과학의 새로운 방법으로 자리 잡게 되었다.

변화의 과정이 스콜라 철학 바탕의 아리스토텔레스주의와의 빠른 기간 안의 완전 결별로서 생각할 수도 있다. 그러나 다른 한편으로 변화를 거부하는 완고한 스콜라 철학의 방해로 인해 지나치게 더뎌졌다고 여길 수도 있다. 그러나 이는 스콜라 철학의 유연성과 가변성을 간과한 것이다. 17세기의 자연 철학자들은 기존에 필요성이 인정되지 않았던 실험 또는 관찰을 통해 새로운 모습의 자연 현상을 알아냈을지라도 여전히 자신들을 아리스토텔레스주의자라고 여겼다. 그의 사상을 연구의 출발점으로 삼았기 때문이다. 다른 한편으로 그들은 실험적 접근법을 선택적으로 받아들이기도 하였다. 이렇듯 당시의 자연 철학자들은 한편으로는 아리스토텔레스주의의 추종자였고 다른 한편으로는 그에 반하는 혼재가 만연한 혼합된 형태의 연구자였다. 당시에 학문적 진보의 선두에 있었던 예수회는 갈릴레이의 관측 결과를 수용할 만큼 열려 있었다. 심지어 아리스토텔레스의 유기체적 관점에 반하는 데카르트의 기계론적 사유도 받아들이는 유연함도 보였다. 그러나 예수회가 보인 변화도 여전히 아리스토텔레스주의의 틀 안에서였다. 그러므로 지식의 전환은 진보와 보수가 같이 공존하며 다양한 관점에서 서서히 이루어진 것이다. 16세기와 17세기에 걸쳐 과학의 변혁이 가능했던 것은 이와 같은 다양성 때문이었다.

제5장 뉴턴의 혁명

뉴턴은 플라톤 이후 수많은 자연 철학자들이 중구난방으로 이해했던 자연 현상을 물리학과 천문학 그리고 수학의 일목요연한 관계설정을 통해 하나로 묶었다. 물리법칙이 세워지고 그 위에 수학적 구조물이 얹어진 뉴턴 물리학의 놀라운 예측력은 자연이 수학의 언어로 써졌다고 하기에 충분하였다. 물리 세계에서 일어나는 모든 일은 수학적 형식의 보편 법칙의 지배를 받고 마치 정밀하게 작동하는 기계와도 같은 존재가 되었다.

으뜸 원리로부터 자연의 법칙을 알아내는 연역적 사고에서 실험과 관찰을 통해 자연의 법칙을 끌어내는 귀납적 사고로의 전환과 함께 근대과학이 안착하였다. 근대과학은 유기체적 관점에서 기계론적 관점으로 자리를 잡아가게 되었다. 뉴턴 이후 과학의 목표는 실험에서 법칙을 추론하고 수학으로 표현하여 물리 현상을 설명하는 것이 되었다. 사람들은 참된 자연철학이 완성되었다고 믿게 되었다. 인류 역사상 전례 없었던 그의 특출한 업적은 사회 전반으로 영향을 끼쳐 계몽의 시대가 활짝 열렸다.

혁명 전야

17세기에 고대 자연철학 체계에 반하는 새로운 사실이 많이 쏟아져 나와 있었다. 축적된 천문 데이터 오차의 교정, 새로운 경험을 통한 고대 진리 오류의 수정, 관측을 통한 천상세계의 올바른 이해, 실험을 통한 지상 운동 법칙의 발견은 모두 고대 자연철학 체계의 수정을 요구하였다. 천상세계의 새로운 변화는 코페르니쿠스의 지동설 이래 브라헤의 초신성과 혜성 연구, 케플러의 세 가지 법칙 및 갈릴레이의 지동설 지지의 여러 증거적 발견이 있다. 지상 세계에서의 새로운 지식은 갈릴레이의 새로운 역학이 있다. 물체가 외부로부터의 힘이 가해지지 않으면 직선운동을 고수하려는 성질인 관성의 법칙도 이미 도출된 상태였다.

다른 한편으로 지상과 천상세계의 이해는 양립한 채로 있을 뿐이었고 고대 자연철학 체계를 완전히 대체할 만큼의 관념으로는 여전히 부족했다. 갈릴레이가 밝혀낸 등가속운동과 관성의 법칙은 물체의 운동학에 획기적인 전기가 되었어도 운동에 관하여 전체를 조화롭게 아우르는 무엇이 없었다. 천상의 세계도 혼란스럽기는 마찬가지였다. 케플러가 행성의 궤도를 타원이라고 했음에도 갈릴레이는 여전히 원을 주장했다. 더군다나 별의 운행에 관한 데카르트의 소용돌이 이론이 보편적 진리로서 수용되는 등 일관성이 없었다. 단편적으로 사실이고 부분적으로만 진실인 혼란스러운 상태였다. 이처럼 비타협적 혼돈의 상태에 있었으므로 알려진 새로운 지식이 물리적으로 서로 연관성이 있어 깔끔하게 통합될지, 아니면 독립적인 법칙으로 조화를 이룰지, 아니면 이도 저도 아닌 상태로 단편 지식으로서만 남을지 여전히 미지수였다.

갈릴레이가 물리 현상을 수학으로 표현해야 한다고 주장했어도 수학을 물리에 접목하는 것이 가능할지도 전혀 모르는 상태였다. 그즈음의 수학은 곡선의 접선에 대한 문제와 곡선 영역의 면적을 기하학적으로 계산하는 방법론의 개발이 한창이었다. 오직 기하학적 방법으로 무한히 나누어 접선을 구하거나 면적을 구해야 했기 때문에 당시의 학자들에게 이 문제는 쉽지 않았다. 이즈음 개발된 기하학을 대수와 접목한 해석기하학[41]은 접선과 면적의 연구에 커다란 도움이 되었다. 이러한 수학연구는 미래에 자연법칙의 수학적 기술을 위한 미적분학 탄생의 기틀이 되었다. 그러나 이 또한 누군가 미적분

41 데카르트는 좌표계를 수학에 처음으로 도입하여 해석기하학을 창시하였다.

학을 창안해내야 하는 어려운 일이었다.

퍼즐 조각을 맞추려면 전체 그림의 핵심 요소를 구성하는 주요 조각들이 하나라도 빠지면 안 된다. 다행히도 시대는 세계에 대한 퍼즐을 푸는 데 없어서는 안 될 조각들이 모아진 상태였다. 도구로서 수학조차도 퍼즐의 주요 조각이었다. 퍼즐을 풀기 위해서 물리법칙을 설명하는 수학적 체계가 필요했기 때문이다. 설령 그럴지라도 전체 그림을 구성할 수 있는 탁월한 독창성의 소유자가 요구되었다.

아이작 뉴턴

뉴턴(1642~1727)은 천부적인 수학자였으며 실험에도 뛰어난 재능을 가진 다재다능한 인물이었다. 그의 실험적 재능은 보일[42]의 영향을 고스란히 받았고 수학적 재능은 자연 현상을 수학으로 표현할 수 있다는 갈릴레이의 혜안을 입증하기에 충분하였다. 그러나 수학적 재능과 실험적 열정이 아무리 뛰어나다 하더라도 전체를 꿰뚫어 보는 놀라운 통찰력을 발휘하는 고유한 직관이 없었더라면 자연 신비의 조각을 맞추는 일은 가능하지 않았을 것이다. 그가 이루어 놓은 업적은 인류

42 구시대의 연금술에서 벗어나 근대화학의 개념을 제시하고 초석을 놓은 인물로 평가받는다. 보일의 법칙 등을 발견했으며 그의 과학적 업적은 대부분 실험을 직접 수행하여 얻은 것이다. 보일은 실험의 중요성을 강조하였는데 뉴턴은 보일의 이러한 신조에 깊은 감명을 받아 그 자신도 실험을 매우 중요시하였다.

역사상 일찍이 없었던 이성의 승리였다. 뉴턴은 세상을 완전히 바꾸어 놓았다.

뉴턴이 20대 초반인 1665년에서 1666년의 단 두 해 동안에 이루어낸 물리학과 수학의 업적만 따져도 경이롭다. 이때 뉴턴의 연구 중심은 광학(optics)과 역학(mechanics)이었다. 빛에 관한 연구는 모두 실험을 통해 얻어낸 것이다. 자신이 직접 암실을 제작하고 프리즘과 렌즈의 다양한 배치하에 같은 실험을 수없이 반복하였다. 알아낸 새로운 사실은 빛에 관한 이전의 설명을 대부분 깨뜨리는 것이었다. 우선 빛이 여러 색깔의 혼합이라는 사실을 알아내어 빛이 순수하고 균질하다고 생각한 아리스토텔레스의 빛에 대한 관념을 깨뜨렸다. 빛이 눈에 가해지는 압력이라고 주장한 데카르트의 설명은 틀렸고 굴절 현상은 매질과 관계없는 빛 자체의 속성인 것을 밝혀내었다.

뉴턴은 갈릴레이의 운동학을 더욱더 깊이 발전시켰다. 그의 주된 관심은 특정의 순간에 속도를 어떻게 구하는가였다. 물체가 얼마의 시간 동안 얼마의 거리를 이동했을 때의 물체의 속도는 단순히 구간 거리를 시간으로 나누면 되지만 구간 사이에 속도가 변하면 이러한 방법은 정확하지 않다. 어느 순간의 속도가 중요하게 되어 미적분학의 개념이 필요하다. 뉴턴은 순간 속도와 순간 가속도가 수학적으로 표현할 수 있는 물리량임을 밝혔다. 미적분학의 발견으로 갈릴레이가 발견한 등가속운동을 넘어서 가속도가 변하는 운동에도 수학을 적용할 수 있게 되었다. 그러나 무엇보다도 이 시기의 가장 큰 업적은 중력에 의한 힘의 본성을 알아낸 것이다. 뉴턴은 태양 주위를 도는 행성의 공전주기 제곱과 반경의 세제곱의 비가 일정하다는 케플러의 3 법칙으로부터 태양이 행성을 궤도에 붙잡아두는 힘은 거리의 제곱에 반비례한다는 것을 추론했다.

다른 한편으로 이 시기에 뉴턴은 물체의 운동에 대한 온전한 개념과 수학적 구조를 완전히 이해하지 못했다. 역 제곱 법칙을 발견했으면서 달이 지구 주위를 돌게 하는 것은 중력 외에 데카르트의 소용돌이 힘도 함께 작용하는 것이라고 믿고 있었다. 더 큰 문제는 수학에서 비롯되었다. 거리의 제곱에 반비례하는 힘을 받는 행성의 궤도가 타원에 대해서 적용될 수 있음을 증명해야 했다. 거리의 역 제곱 비례 관계식은 궤도가 원이면 미적분의 사용 없이 대수적으로 간단히 풀 수 있었으나 타원의 경우는 미적분이 없이는 불가능하다. 이를 위해서 포괄적이고 보편적인 법칙이 도출되어야 하고 미적분으로 해결할 방법이 개발되어야 했다. 해결되는데 20년 이상이 소요되었다.

일생에 걸친 그의 연구는 매우 다양하였다. 1930년대 중반에 뉴턴의 3백만 단어에 이르는 방대한 원고가 경매에 부쳐졌는데 원고를 접한 사람들은 매우 놀랐다. 그의 원고의 대부분은 연금술과 성경에 관한 것으로 그의 연구 중심[43]이 물리학이나 수학이 아니었다는 것을 보여준다. 원고를 접하면 뉴턴이 차가운 이성주의자라기보다 오히려 최후의 마술사이자 마지막 수메르인에 가깝다는 인상을 받는다. 그러나 그의 연금술과 성경 연구가 학문적 표상으로서 그가 공헌한 물리학과 전혀 연계가 없는 것처럼 보이지만 그의 내면세계의 관점에서 분명히 관련이 있어 보인다. 그는 자연 탐구든 연금술이든 성경의 해석이든 고대의 지식에서 무엇인가를 발견한다는 굳은 믿음을 가졌던 것 같다. 그러므로 자연과학 탐구, 연금술, 종교 저작 등이 모두 그가 밝혀내야 할 기초였다.

프린키피아

뉴턴이 1687년에 출판한 프린키피아(Principia)는 원제가 '자연철학의 수학적 원리 Philosophiae Naturalis Principia Mathematica'로서 인류 역사상 가장 중요한 저작 중의 하나이다. 책에 담긴 그의 물리 역학은 단순히 자연과학의 새 지평을 연 것을 넘어 인류 사상 최초로 과학기술에 근거한 인류 문명이 시작되는 시발점 역할을 했다. 저술이 시작되기 전에 우리가 현재 알고 있는 뉴턴 법칙과 비슷한 그 무엇도 없었다. 역학의 체계에

---

43 연금술과 성경을 해석하는 일에 대부분의 연구 시간을 할애하였고 물리학과 관련된 연구는 일생에 걸쳐 10% 정도밖에 되지 않음을 볼 때 주된 관심은 다른 곳에 있었다. 이 점이 그를 더욱 신비스럽게 만든다.

관한 그의 통찰력이 발휘된 적이 없었고 남은 것이라고는 미완성의 수학 논문들뿐이었다. 비록 20여 년 전에 중력에 의한 힘이 물체 간 거리의 역 제곱에 비례하는 것을 알아내었지만 단지 비례 관계식일 뿐으로 역학 체계의 완성과는 거리가 멀었다. 그것도 역 제곱의 비례 관계는 뉴턴만의 유일한 공적이 아니었다. 역 제곱의 법칙으로부터 케플러 제1 법칙을 유도하는 일은 난제였다. 거리의 제곱에 반비례하는 경우 행성의 궤도가 타원을 그린다는 것을 계산으로 증명하기 위해서는 미적분이 사용되어야 했기 때문이었다. 저술은 단지 여태까지의 자신의 연구 결과를 기술한 것이 아니고 역학의 기본 원리를 포함한 운동에 관한 모든 역학 체계를 연구하면서 이를 프린키피아에 기술하는 방식으로 이루어졌다. 이 작업은 단 2년 동안 이루어졌다.

프린키피아의 기술 형식은 유클리드 기하학원론의 서술 체계를 따랐다. 원론의 도입부가 공리로 시작하는 것처럼 프린키피아는 몇 개의 정리를 제시하는 것으로 시작한다. 정리는 질량, 운동량, 관성질량, 힘의 개념, 구심가속도와 그것의 성질을 포함하여 모두 8개로 이루어져 있다. 8개의 정리는 세 가지 법칙으로 요약될 수 있다. 제1 법칙은 '외부의 힘이 작용하지 않으면 물체는 정지해 있거나 움직이고 있는 물체는 영원히 그 속력을 유지한다'는 관성의 법칙이다. 관성은 물체가 자신의 성질을 유지하려는 경향을 뜻한다. 법칙은 속도와 가속도의 개념을 함의하고 있으므로 구별이 없이 움직이는 것만을 상정한 아리스토텔레스의 운동학을 뒤집었다. 제2 법칙은 제1 법칙의 수학적 표현으로 물체에 작용하는 힘(F)은 물체의 질량(m)과 가속도(a)의 곱[44]으로 표현된다. 그러므로 물체에 힘이 가해지면 가속도가 생겨나 물체의 속도가 변하게[45] 된다. 법칙은 특정 시간에 어떠한 입자에 작용하는 전체 힘과 그 시간에의 가속도와 질량 사이에 불변적인 수학적 관계가 존재한다는 것을 의미한다. 제3 법칙은 모든 작용에 반드시 반작용이 있고 반작용은 작용과 크기가 같고 방향이 반대이다. 물체의 운동에 관한 뉴턴의 세 법칙은 보편적이므로 지상과 천상세계 모두에 적용된다.

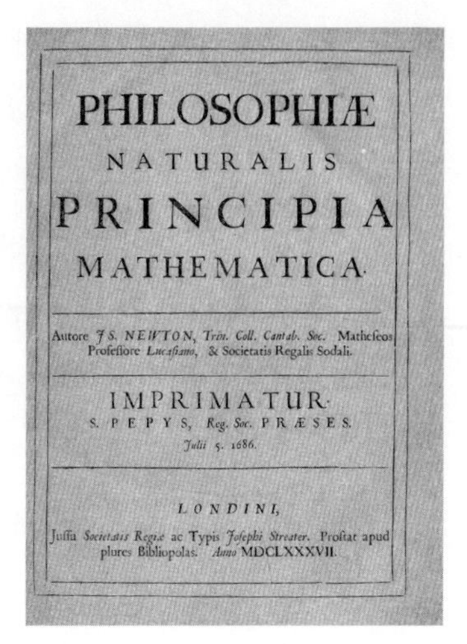
PHILOSOPHIÆ
NATURALIS
PRINCIPIA
MATHEMATICA.

Autore J S. NEWTON, Trin. Coll. Cantab. Soc. Matheseos Professore Lucasiano, & Societatis Regalis Sodali.

IMPRIMATUR.
S. PEPYS, Reg. Soc. PRÆSES.
Julii 5. 1686.

LONDINI,
Jussu Societatis Regiæ ac Typis Josephi Streater. Prostat apud plures Bibliopolas. Anno MDCLXXXVII.

〈그림 6〉 뉴턴의 프린키피아 표지. 물리학 역사상 가장 위대한 책으로 근대과학 혁명을 주도했다.

뉴턴은 힘에 관한 일반 법칙과 함께 중력의 실체를 밝혀내

44 뉴턴의 제2 법칙은 $F = ma$로 표현되며 아리스토텔레스의 운동학은 힘을 질량과 속력의 곱인 $F = mv$로 표현됨을 상기하라.

45 물체에 외부로부터 힘이 가해지면 속도가 변하게 되므로 운동량($p = mv$)이 변하는 것으로도 정의할 수 있다. 그러므로 외부에서 힘을 받지 않으면 물체의 운동량 변화가 없으므로 속도의 변화가 없다.

었다. 힘의 거리 제곱에 반비례 관계는 이미 알려진 구심력과 케플러 3 법칙으로부터 쉽게 유도된다. 구심력은 원운동 하는 물체의 힘으로 실에 매달려 도는 물체 또는 태양 주위를 도는 행성을 생각할 수도 있다. 구심력은 물체의 질량과 속력의 제곱에 비례하고 거리에 반비례하며 방향은 중심을 향한다. 속력을 구심가속도에 삽입하여 결과를 케플러 3 법칙의 형태로 바꾸어 상수인 부분과 변수를 추리면 거리의 역 제곱이 변수로 남게 되어 힘이 역제곱에 비례[46]함을 알 수 있다. 그러나 힘이 거리의 제곱에 역 비례하는 것만 알았지 힘에 관한 포괄적 관계식은 존재하지 않았다. 역 제곱의 법칙은 뉴턴 이전의 호이흰스와 후크[47]가 이미 알고 있었다.

뉴턴은 숙고 끝에 두 물체 사이의 힘은 두 질량의 곱에 비례하고 거리의 제곱에 반비례하는 중력 법칙을 세웠다. 이른바 완전히 갖추어진 식을 정립한 것이다. 법칙은 보편적으로 모든 물체에 적용되므로 만유인력이라 부른다. 만유인력의 법칙에 의한 행성의 궤도가 타원임을 자신이 발명한 미적분을

---

46 구심력의 속력은 원둘레를 한 바퀴 도는데 걸리는 시간으로 나눈 값으로 $(2\pi r)/T$이다. 속력을 구심가속도에 삽입하면 $v^2/r = 4\pi^2 r^2/r T^2$가 된다. 이 결과를 케플러 제3 법칙의 형태로 바꾸면 $4\pi^2 r^3/r^2 T^2$가 되는데 제3 법칙으로 r^3/T^2은 일정하여 상수이므로 오직 남은 변수는 $1/r^2$이 된다.

47 뉴턴이 프린키피아에서 중력법칙을 내세웠을 때 후크는 자신이 먼저 발견한 것을 표절했다고 주장했다. 이 때문에 커다란 논쟁이 지속되었다. 그러나 만유인력을 주창하고 이를 태양계 운동에 적용한 뉴턴의 독보적 공헌이 가장 중요하다. 그러므로 설령 뉴턴이 후크의 주장을 참조했다손 치더라도(이 부분은 확실하지도 않다) 업적 면에서 중요하지 않다.

적용하여 프린키피아에서 증명하였다. 이 업적은 명실공히 중력의 법칙이 보편적으로 올바르다는 것을 보여주는 첫 단추이자 그 누구도 하지 못한 일을 성취해내었다는 신호탄이기도 했다. 만유인력의 법칙을 따르는 행성이 타원궤도를 그린다는 것은 뉴턴이 미적분을 개발했기 때문에 가능했다.

이로써 힘과 운동에 대한 일반적 관계가 얻어지고 만유인력의 법칙으로 질량을 가진 물체들에 힘이 어떻게 작용하는지 알려지므로 지상과 천체에 관한 운동을 바르게 설명하는 통일된 일련의 법칙이 만들어졌다. 수학적으로 만유인력의 법칙에서의 두 물체 사이에 작용하는 힘이 뉴턴의 제2 법칙의 질량과 가속도의 곱과 등식이 되어 방정식의 형태를 띠게 된다. 방정식을 풀어 해를 구하면 물체 운동의 행태를 알 수 있다. 만유인력으로 케플러의 세 법칙이 유도될 수 있었고 뉴턴은 이를 프린키피아에서 보였다. 브라헤가 관측한 데이터를 케플러가 분석하여 얻은 두 세대에 걸쳐 완성된 케플러의 법칙은 뉴턴 법칙에 근거하여 방정식을 풀면 반 시간 내에 유도할 수 있다. 뉴턴 자신도 해법을 경이롭게 바라보았을 것이다.

자연법칙의 정량화

뉴턴의 법칙은 속도를 시간에 따른 위치의 변화, 가속도를 시간에 따른 속도의 변화로 규정하고 물체의 운동이 유지되거나 바뀌는데 두 물체 사이에 작용하는 힘의 개념이 내포되어 있다. 만유인력의 법칙으로 주어진 순간에 두 입자 사이에 작용하는 힘은 오직 그들 입자의 질량과 서로의 거리에만 의존한다. 그리하여 뉴턴역학 안에서는 특정의 시간에 우주에서 모든 입자의 위치와 질량은 그 시간에 입자에 어떤 힘이 작용하는 것을 규정함으로 정량화된다. 뉴턴의 법칙은 자연 현상을 수학적으로 정량화할 수 있다는 갈릴레이의 혜안을 명실공히 증명한 셈이 되었다. 다른 한편으로 뉴턴 물리학의 등장은 물체 운동의 질적인 변화에 대해서만 다룬 아리스토텔레스 물리학의 완전한 폐기를 의미하였다.

뉴턴의 법칙이 구체적으로 어떻게 정량화되는지 간단한 예로 설명될 수 있다. 우주의 어떤 시스템에서 개개의 입자들에 대해 미래의 어느 특정 시간에서 입자의 위치를 계산한다고 가정하자. 초기 시간에 개개 입자들의 위치, 속도, 질량, 전하를 포함하여 그 외 모든 물리적 고유 성질들을 알 수 있다. 이 정보로부터 우리가 알고자 하는 미래의 특정 시간에서의 물리량은 더 좋은 근사를 계속 적용하여 알 수 있다.

처음에 입자들의 속도가 주어진 시간 동안 일정하다는 가정으로 특정 시간에서 입자의 위치가 계산된다. 그러나 일반적으로 입자의 속도는 시간에 따라 계속 변하므로 입자의 속도가 주어진 시간 간격 동안 일정하다고 가정하는 근사는 정확하지 않다. 그러므로 더 나은 근사가 필요하여 시간 간격을

둘로 나누어 각 간격의 속도가 일정하다는 가정으로 입자의 위치를 계산한다. 두 번째 근사가 정확하지는 않으나 전체 시간 간격에서 일정한 속도를 가정한 첫 번째 근사보다는 개선되었다. 이런 식으로 시간 간격을 점점 더 쪼개면 계산 결과는 점점 더 좋아질 것이다. 원리적으로 시간 간격의 수를 무한대로 접근시키면 미래의 특정 시간에서 입자의 위치는 매우 정확해진다. 이처럼 초기 시간에 입자의 위치 및 속도 등 고유 성질이 주어지면 미적분의 방법으로 미래에 입자의 물리 정보를 정확하게 알 수가 있다.

법칙의 보편성

만유인력 법칙에 의하면 두 물체 사이의 힘은 물체 간의 거리와 물체의 질량에 의존한다. 물체가 가진 온갖 종류의 특성을 모두 제외하고 오직 질량에 의존하는 대담한 가정은 어디서 도출되었을까? 뉴턴이 만유인력의 법칙을 세우는데 가장 어려워했던 부분의 하나이다. 의문은 물체의 형상이나 크기를 무시하고 오직 질량 값만 힘에 의존한다고 주장할 수 있는가였다. 뉴턴이 오직 질량 값에만 의존한다는 대담한 가정을 세우는데 근거는 있다. 태양계에서의 행성의 운동과 지상에서 물체의 포사체 운동 등의 실험값이 물체의 형상이나 크기 등이 아니고 오로지 질량에만 의존함을 보였기 때문이다.

그러나 이것이 중력에 관한 모든 자연 현상에 적용되는 것으로 일반화될 수 있는지는 전혀 별개의 문제이다. 뉴턴은 지상에서 물체 사이의 인력과 우주의 모든 별 사이의 인력이 같은 힘의 형태를 띠고 있어 관련된 자연 현상을 모두 설명할 수 있다고 대담한 가설을 내세우고 만유인력의 법칙이라 명명하였다. 법칙은 케플러 법칙을 설명할 수 있을 뿐만이 아니라 그간의 지구와 천체에서 일어나는 물리적 의문점을 모두 명쾌하게 풀어 주었다.

법칙은 지구가 거의 구형인 이유와 구형이면서 왜 적도에서는 약간 부풀어 있는지를 설명한다. 구형은 중력 때문이고 적도 쪽이 부풀어 오른 것은 지구의 회전으로 인한 원심력에 기인한다. 달의 운동 및 대양의 조수 간만 효과나 근일점이 이동하는 것 또한 설명하고 있다. 태양 주위를 도는 모든 행성의 경로를 계산을 통해서 알 수 있었다. 가장 돋보이는 것은 핼리 혜성이 실지로는 75년마다 반복해서 나타나는 것을 밝혀내고 그 혜성이 출현하는 날짜를 계산으로 맞춘 것이다. 만유인력을 처음 접한 당시의 사람들에게 법칙의 예측성은 실로 놀라운 일이었다.

훗날 계산으로 아직 관측되지 않은 새로운 행성의 존재를 예측한 사건은 뉴턴역학의 정확성에 종지부를 찍는 사건이 되었다. 기존의 천왕성의 궤도가 중력 법칙의 계산과 어긋나는 원인으로부터 새로운 행성의 존재를 알 수 있었다. 당시에 태양에서 가장 먼 행성이라고 여겨졌던 천왕성의 운동이 계산과 전혀 맞지 않았다. 그러나 만약 천왕성 바깥쪽에 새로운 행성이 있다고 가정하면 이 행성의 중력 때문에 천왕성의 궤도가 바뀔 수 있다. 그래서 행성이 얼마나 멀리 있으면 측정치를 예측할 수 있는지를 계산하였다. 몇월, 몇 분, 몇 초에 어느 방향을 망원경으로 보면 새로운 행성이 있을 것이라는 예측으로 해왕성은 발견[48]되었다. 이 사건은 뉴턴역학을 강력히 뒷받침해 주는 이정표가 되었다.

뉴턴 이론에 대한 반론

뉴턴역학이 아리스토텔레스의 운동학을 대체하여 근대과학의 시발이 되었어도 이에 대한 반발도 만만치 않았다. 뉴턴은 프린키피아에서 아리스토텔레스의 체계를 전혀 언급하지 않았고 그럴 필요도 없었다. 중력에 의한 태양계 운동은 운행을 설명할 뿐으로 원인을 설명하지 않았다. 뉴턴 이론은 물체가 '왜'가 아닌 '어떻게' 운동하는지를 정량적으로 밝혀냈을 뿐이다. 그런데 만유인력 법칙은 힘이 공간을 따라 어떻게 전달되는지 설명이 없는 구조였다. 그러므로 질량만 있으면 힘은 순

---

48 천왕성의 궤도 계산이 실제와 불일치한다는 것은 이미 오래 전에 알려졌었다. 19세기 중반이 되어서야 알려지지 않은 다른 행성의 존재를 가정하여 계산이 이루어졌고 곧이어 발견되었다.

식간에 전달이 된다고 여길 수밖에 없었다. 이처럼 순식간에 전달되는 힘인 원격력(remote force)은 당시에 데카르트의 와류 논리에 의한 별의 운동을 지지하던 학자에게 도저히 믿기지 않는 것이었다. 태양과 행성 사이의 거리가 수백만 킬로미터가 넘는데 둘 사이에 중력이 순식간에 작용한다는 개념[49] 자체가 초자연적이라고 주장하며 비난했다. 사실 뉴턴도 이에 대해 올바른 논증을 할 수는 없었다.

뉴턴역학[50]은 입자의 위치를 시간에 따라 예측하는 이론이므로 미래의 공간 안에 개개의 입자가 점유하는 위치가 결정되어 버린다. 그래서 공간 자체가 독립적으로 존재하지 않으면 미래에 물체가 공간을 점유한다는 것은 무의미하다. 이 때문에 뉴턴은 공간이 물질과 독립적으로 존재하는 실체로서 절대공간을 옹호하였다. 아리스토텔레스의 공간은 단지 물체의 점거를 규정해주는 수학의 좌표계와 같은 허구인 관계주의 공간이었다. 그러므로 관계주의 공간과 절대공간은 커다란 논쟁거리가 되었다. 이 또한 데카르트주의자와의 거센 논쟁으로 이어졌다. 논쟁의 중심인물은 라이프니츠[51]로서 그의 뉴턴

---

49 중력이 공간을 통해 어떻게 전달되는지 설명하지 않는 만유인력은 원격력의 한 종류이다. 뉴턴은 장(field)의 개념을 몰랐고 19세기 전자기력에 장의 개념이 세워져 힘이 어떻게 공간을 통해 전달되는지 설명한다. 중력은 20세기 초 아인슈타인의 일반상대론에 의해 장의 개념으로 설명되었다. 즉, 중력도 전자기력과 같이 공간에 힘이 순식간에 전달되는 것이 아니라 장으로 퍼져 유한한 시간에 힘이 전달된다.

50 이 책에서 종종 뉴턴역학과 뉴턴물리학이 같은 의미로 사용되고 있다.

과의 싸움은 미적분의 저작권에서부터 원격력과 절대공간에 이르기까지 다양했다.

사회적으로도 반발이 있었는데 주로 종교와 관련된 사안이었다. 뉴턴의 이론은 수학적 방정식으로 기술되었기 때문에 종교가 개입될 여지가 전혀 없었기 때문에 프린키피아에도 종교적 언급이 전혀 없다. 그래서 오로지 정량적인 숫자로만 결과를 보여주는 그의 이론을 비인간적 자연주의의 산물로 오도했다. 태양과 행성이 상호 간의 인력에 의해 서로 다가가지 않고 도는 것은 신의 능력이라고 주장한 종교인도 있었다. 그러므로 신에 관한 얘기가 전혀 없는 프린키피아는 불완전하다고 비난하였다. 당시만 해도 중세 사상을 신봉하는 사람들이 많아 과학 이론은 오로지 이성에 의존해야 한다고 믿었다. 자연스레 뉴턴이 가설을 내세운 중력의 작용에 대해 이성적 설명이 필요하다는 비난도 있었다.

다른 한편으로 비난은 있고 그에 대한 대안은 없는 형국이었다. 거센 비난은 커다란 찬사의 물결에 파묻히게 되었다. 뉴턴역학의 눈부신 성공은 계속 이어졌기 때문에 종국에는 누가 반대하던 문제가 될 수 없었다. 뉴턴의 중력 법칙은 수많은 영역의 다른 현상들을 정확히 설명하는 간단한 수학적 원리로 인정받게 되었다. 뉴턴 물리의 성공은 근대과학의 탄

---

[51] 뉴턴과 함께 미적분학의 발명자로서 알려져 있다. 오늘날 수학에서 쓰이는 미적분 기호는 모두 그에게서 나왔다. 철학자로서는 데카르트와 함께 합리주의에 속한다.

생을 알리기에 충분했고 시간이 지남에 따라 근대과학의 입지가 견고해졌다. 근대과학은 비인격적이고 초자연적인 개입이나 행동주의 과학의 바깥에 있는 인간의 가치를 고려할 여지가 없게 되었다. 바야흐로 뉴턴의 시대는 열렸다. 인류의 문명은 뉴턴 이전과 뉴턴 이후의 시대로 나누어졌다.

제6장 세상을 바꿔버린 뉴턴

알려진 자연 현상에 대한 설명과 함께 현상이 미래에 어떠한 물리적 상태에 있을 것인지를 정확하게 예측하는 뉴턴의 역학 체계는 경이로움 그 자체였다. 뉴턴역학은 자연 현상을 설명하는 원리로서 받아들여져 남은 일은 역학 체계의 세부사항을 해결하는 것이라고 할 만큼 대단히 성공적이었다. 궁극적으로는 그의 연구 결과가 옳다는 인식이 대중에게로 까지 퍼져 그의 성취는 사람들에게 자연을 이해할 수 있는 인간으로서의 자부심을 심어주었다.

뉴턴의 과학혁명은 일찍이 인류 문명사에 없었던 커다란 변화를 예고하였다. 걸출한 그의 업적은 후대에 모범의 표본이 되어 과학의 영역은 물론 사회 일반에까지 영향을 끼쳤다. 계몽의 시대에 불을 붙인 셈이 되어 모든 것을 설명할 수 있다는 낙관주의를 고취하여 정치, 경제 등 분야에도 뉴턴의 방법을 적용할 수 있다는 믿음이 생겨나기도 했다. 일상생활에도 영향을 주어 생활에 영향을 끼치는 모든 것들을 올바로 이해할 수 있다는 믿음이 퍼지게도 하였다. 비슷한 시기에 일어난 종교개혁이 큰 변혁이기는 하지만 기독교라는 일개 종교 안에서 이루어진 제한적 변화였다. 이와 비교하여 과학혁명은 인류 문명사를 뉴턴 이전과 이후의 시대로 나눌 만큼 전 인류적이었다.

라플라스의 악마

뉴턴역학의 검증과 체계화에 수학의 발전이 매우 중요한 역할을 하였다. 역으로 뉴턴 역학에 대한 검증의 노력이 수학이 장족으로 발전하는 결정적 역할을 했다. 뉴턴역학은 수학의 추상적 영역을 지배하는 함수의 개념이 자연법칙에 적용된 결과이다. 수학에 함수가 처음으로 도입된 시기는 17세기로서 이때부터 산술 수준의 수의 개념에서 처음으로 벗어나게 되었다. 함수의 개념은 미적분학과 더불어 대수학, 해석학 등의 발전을 일으켰다. 18세기는 가히 뉴턴역학을 검증하는 시대였다고 해도 과언이 아니다. 중력 법칙은 미분방정식으로 표현되므로 수학자들은 방정식의 해를 구하는 방법을 알아내려고 온 힘을 쏟았다. 해를 구하는 일은 쉽지 않은 문제로서 미적분학 등의 수학적 연구와 함께 진행되어야 했다.

약 백 년에 걸친 수학에서의 진보적 성과는 괄목할 만한 것이었는데 그중 라그랑주, 달랑베르, 라플라스, 카르노 등의 공헌은 특히 주목할 만하다. 그들은 뉴턴역학을 수학적으로 해석하고 발전시켜 물리적으로 다양한 해법을 제시했다. 더 나아가 뉴턴의 법칙보다 더 근본적인 원리를 수학에서 발견하려 하였다. 달랑베르와 라그랑주는 역학의 일반화 기초를 닦아 물체의 운동을 수학적으로 깊이 표현한 해석역학을 탄생시켰다. 라플라스는 행성의 위치 등을 계산할 수 있는 수학적 방법론을 포괄적으로 개발하여 천체역학 분야를 창시하였다.

라플라스는 뉴턴의 역학 체계를 수학적으로 정립하면서 체계의 정확성에 매우 감탄하였다. 찬탄을 거듭한 나머지 악마가 무한한 지혜를 가지지 않고서는 불가능한 일이라고까지 하였다. 철학과 물리학이 같은 이성적 사유이기는 하지만 철학의 결론은 다중적이고 비확정적인데 비해서 물리학의 뉴턴역학이 논증하는 대상의 결론은 하나뿐이며 예측력까지 있다. 수학적 계산으로 자연 현상의 미래를 예측할 수 있다는 사실은 물리학이 인간의 이성적 사유의 종결판이라고 단정할 만큼의 일대 사건이었다. 인간의 이성이 이토록 명료해 본 적은 인류 역사상 없었다. 인류의 삶에 로고스가 파토스를 넘어서 올곧이 자기 자리를 차지한 전례가 없었다. 당연히 뉴턴은 모든 분야에 커다란 영향력을 행사하게 되었다.

뉴턴 주의

뉴턴의 중력 법칙은 한 세기에 걸쳐 대대적인 검증을 거쳐 올바르다고 판명되면서 뉴턴 주의로 발전하게 되었다. 뉴턴 주의(Newtonianism)란 뉴턴의 과학적 목적론과 방법론을 따르려는 18세기 과학의 경향을 의미하나 과학에 국한되지 않았다. 중력 법칙으로 성취된 우주의 재구성과 수학으로 자연을 기술하는 방법은 새로운 패러다임의 사고 정립에 커다란 영향을 끼쳤다.

과학은 순전히 기계적이고 역학적인 원인으로 이행되어 아리스토텔레스의 목적론적 시각이 배제되었다. 과학이 신학 대신에 진리 문제에 관한 권위로서 부상하게 되었고 자연의 과정을 통제하는 인간의 수단이 되었다. 이러한 경향은 과학의 모든 분야에서 포괄적인 변혁이 이루어지는데 방아쇠의 역할을 하였다. 과학적 방법론의 관점에서 현대과학은 근대과학과 궤를 같이하므로 뉴턴 주의는 지금도 계속되고 있다.

뉴턴 주의는 수학의 엄청난 발전을 촉진하였을 뿐만이 아니라 열이나 빛, 전기와 자기 등 물리학의 주요 연구 대상에 대해 법칙화된 수학 체계의 구축을 부추겼다. 화학, 생물, 지구과학 등의 여타 과학 분야에서도 고대 자연철학을 대체하는 변혁을 유도하는 기폭제가 되었다. 변화는 과학 분야에 국한하지 않는다. 철학도 뉴턴 물리학의 영향을 올곧이 받았다.

근대철학의 문을 연 칸트가 비판서를 저술하게 된 일차적 동기는 뉴턴역학이었다. 사회 과학이나 인문학에서도 뉴턴 체계를 적용하는 노력이 진행될 만큼 뉴턴 주의에 대한 믿음은 강했다. 뉴턴 주의는 생활 전반에 뿌리내리게 되어 인간의 이성을 중시하는 계몽사상이 유럽 사회를 휩쓸었다. 계몽주의의 무차별적 확산에 대한 반대급부로 반계몽의 움직임이 생겨날 정도였다. 새로운 문명의 시발점이 된 뉴턴의 과학혁명은 세상을 완전히 바꾸어 버렸다.

근대철학의 시작

철학자 칸트는 뉴턴역학의 중요성과 엄청난 파급력을 확실히 인지한 인물이다. 그의 초기 물리학 연구와 후기의 비판서 모두가 뉴턴 물리학과 깊은 관련이 있다. 뉴턴역학에서 논쟁적이거나 해결하지 못한 것은 자신이 해결한다는 젊은 시절의 야망이 있었다. 절대공간과 관계주의 공간에 대한 이슈는 매우 논쟁적이었고 행성의 기원은 뉴턴역학에서 전혀 언급되지 않은 부분이므로 그의 연구 대상이었다. 칸트는 반전성[52]

---

52 반전성 (parity)이란 물체와 거울에 비친 물체의 상의 관계이다. 물체와 거울 속의 물체는 왼쪽과 오른쪽이 뒤바뀌어 있다. 이를 반전되었다고 한다. 반전성은 20세기 현대 입자물리학에서 다루어지는 매우 중요한 물리량이다. 칸트는 모든 것이 같은데 한쪽은 모두 왼손잡이만 있고 다른 쪽은 모두 오른손잡이만 있는 것이 다른 두 개의 세계를 가정하여 이 둘은 거시적으로 구별될 수 없다는 논리로 절대공간을 옹호하였다. 두 세계는 분명히 다르지만 물체의 외연extension)만으로 공간을 규정한 관계주의 공간에서는 둘을 구별할 수 없기 때

Critik der reinen Vernunft von Immanuel Kant Professor in Königsberg. Riga, verlegts Johann Friedrich Hartknoch 1781.

〈그림 7〉 칸트의 '순수이성비판' 초판 표지. 칸트는 순수이성비판 등 세 비판서로 근대철학의 길을 열었다.

을 적용한 사유를 이용하여 뉴턴의 절대공간을 옹호하였다. 칸트의 행성 기원 이론은 태양계에서 행성이 어떻게 생성되었는지 고찰한 논증이다. 라플라스의 수학적 연구와 함께 행성의 기원 이론을 오늘날 칸트－라플라스 이론이라 한다.

그의 불세출의 업적은 철학이다. 뉴턴 물리의 중요성을 누구보다 명료하게 이해한 칸트는 물리학처럼 철학도 코페르니쿠스적 전환을 해야 하는 세기적 목적이 있었다. 칸트에게 철학 논증의 대상은 형이상학이 아니라 순수수학과 자연과학[53]과 같은 지식이 인간에게 어떻게 가능한지였다. 그가 보기에 뉴턴 물리학으로 물리학의 보편적 승인이 과학에 시작되었는데 철학은 전혀 그렇지 않았다. 철학의 보편성을 논하기 위해서는 우선 합리적인 논증이 불가능한 형이상학의 신과 같은 비물질적인 대상은 논의의 대상에서 제외하였다. 대

문이다.

53 순수수학은 유클리드 기하학을, 순수 자연과학이란 뉴턴역학을 지칭한다.

신에 자연과학에서 인과 법칙에 따라 시간과 공간에서 상호 작용하는 물체에 대한 논리와 같은 것을 논의 대상으로 고려했다.

칸트는 뉴턴 물리학에서의 시간과 공간, 운동, 작용 또는 힘의 개념을 형이상학이 아니라 선험적 형식의 산물 같은 것으로 생각하였다. 그렇지 않고서는 뉴턴역학이 이토록 정확할 수 없다고 생각했다. 그러므로 그의 관심은 이러한 선험적 종합 판단[54]이 어떻게 가능하여 뉴턴역학같이 올바른 지식에 이르게 되는지에 대한 의문을 해결하는 것이었다. 뉴턴 물리학의 근본 구성 원리는 인간 정신에 영원히 고정된 범주(category)[55]와 형식(form)[56]을 표현하는 것이었다. 그래서 범주와 형식이 인간의 합리성 자체를 규정하므로 뉴턴 물리학은 모든 인간 지식을 지배하는 절대 보편의 합리성을 가진다고 결론 내렸다. 그러므로 뉴턴 물리학은 선험적 형식이나 범주 등[57]을 우리가 경험하는 자연에 주입한 결과라고 판단하

---

54 경험에 의존하지 않고 순수 직관으로 확실성을 보장하는 판단으로 보편성과 필연성을 가진다. 우리가 배우지 않고도 직관적으로 알 수 있는 개념으로 시간과 공간, 수학의 명제, 자연과학의 원리 등이 이에 속한다.

55 '범주'는 본래 아리스토텔레스로부터 비롯되었다.(1장 참조) 칸트에 의하면 우리가 무엇을 판단할 때 먼저 경험적 감성을 통해 정보를 얻는데 이는 다중적이고 규정적이 아니다(이 단계에서는 무엇으로 정해진 것이 없다는 뜻). 이렇게 얻어진 정보는 어떤 대상으로 특정되는데 이는 순수 지성의 능력이 인간에게 있기 때문이다. 이때 규정되는 사물 존재의 방식이 범주이다. 그러므로 범주는 '순수 지성 개념' 아래에 있다.

56 형식은 질료에 대해 선험적으로 우리 안에 발견되는 근본적 규정을 의미하는데 우리들의 판단의 근저에 존재한다. 감성과 지성 모두에 형식이 존재한다.

였다.

칸트의 철학 체계는 대상 인식을 접하는 객체의 주관적 인식 조건에 의존[58]하므로 대상 인식을 주관과 떨어져 사물을 보는 고대 철학으로부터 내려온 기존의 관점과 상반된다. 그래서 그의 철학은 칸트 자신이 순수이성비판[59]의 서문에서 표현한 것처럼 철학에서의 코페르니쿠스 전환과 같다. 근대철학은 그와 함께 시작되었다.

계몽주의

뉴턴의 프린키피아는 대륙에 즉각적으로 소개되었고 뉴턴과 관련한 서적도 발간[60]되었다. 이러한 노력은 뉴턴역학 체계가 수학적으로 완성되는데 커다란 디딤돌의 역할을 하였다. 특히 프랑스 수학자들의 공헌이 매우 컸다. 뉴턴 물리학의 강풍은 그의 역학이 프랑스의 대학에 정식 교재가 되어 기존의

57 선험적 형식과 범주와 함께 구성(construction)이 있다. 구성은 선험적 종합 판단으로서의 수학적 인식의 특징이다. 수학적 인식은 개념의 구성에 의한 것이다. 개념의 구성은 개념에 대응되는 직관을 선험적으로 판단하는 것이므로 구성은 가능적인데 불과한 상태의 개념을 직관으로 객관적 실재성을 부여하는 절차이다.

58 아리스토텔레스의 form은 형상으로 번역되는데 반해 칸트의 form은 형식이라고 번역한다. 이유는 형상은 대상으로서 인식되는 것이고 형식은 대상이 개개의 인식 방식에 속하기 때문이다.

59 그의 비판서는 순수이성비판과 함께 실천이성 비판과 판단력 비판으로 진(이성), 선(도덕), 미(감성)를 각각 다룬 걸출한 역작이다.

60 볼테르가 번역 등 출판 작업에 큰 역할을 하였다.

데카르트[61]의 물리학을 대체한 것으로 보아도 알 수 있다. 뉴턴주의는 지식을 체계적으로 담으려는 노력으로도 이어져 백과 전서의 출판 사업이 성행[62]하였다.

걸출한 그의 업적은 과학의 영역을 넘어 지성계 일반에 영향을 끼쳐 이후 시대를 특정한 방향으로 이끄는 결정적인 역할을 했다. 뉴턴 이전에는 감성이 인간 정신의 주류였고 이성은 어쩌다 간혹 철학자의 사색 대상으로만 쓰였던 비주류였다. 이성과 논리학의 중요 연결 고리가 정신세계와 관련이 있을지라도 인간의 물질세계와는 전혀 관계가 없었다. 수학이 인간의 정신세계와 관계있는 것이지 물질세계와는 관계가 없었기 때문이었다. 그러나 뉴턴에 의해 물질세계가 수학의 논리학과 정교하게 맞물려 물질에 이성이 부여되었다. 이성의 시대가 도래한 것이다. 바야흐로 이성은 만병통치가 되었다. 이성의 중요성이 이렇게 대두된 적은 인류 역사상 없었다. 이성의 힘은 인류의 영원한 진보를 가져다줄 것으로 믿는 계몽(enlightenment)의 시대[63]를 활짝 열었다.

---

61 오늘날에도 프랑스는 근대과학의 시조를 데카르트라고 가르치고 있다. 그의 과학을 특히 신봉했던 프랑스에서 뉴턴물리학이 데카르트 물리학을 대체한 것은 뉴턴물리학의 영향력이 얼마나 컸던가를 짐작할 수 있는 사건이다.

62 디드로가 주 역할을 하였다.

63 계몽의 시대는 보통 르네상스 시대부터 시작되었다고 보는 관점이 많다. 뉴턴 이전에 계몽의 불씨가 제공되었고 뉴턴의 등장으로 계몽이 가장 크게 불에 타오르는 정점을 맞이하였다고 보는 게 맞을 듯하다. 역설적으로 진행되고 있던 계몽의 영향을 가장 크게 받고 계몽을 정점으로 이끈 인물이 뉴턴이라 할 수도 있다.

칸트는 계몽을 인간이 미성년 상태를 스스로 벗어나 지성을 주체적으로 사용하는 단계로 보았다. 계몽의 핵심은 이성을 주체로 삼아 사고의 자율적 권한을 누리고 사람이 세계의 중심이 되는 것이었다. 주체는 객관적 대상을 탐구하여 획득한 지식은 참이고, 참인 지식 앞에서 대상이 주는 공포나 신비함은 없어졌다. 이로써 지식으로 대상을 지배할 힘을 얻게 되었다. 그러므로 계몽이 세계를 종교나 신화적인 것의 마법에서 벗어나게 했고 마법을 푸는 열쇠는 이성이었다. 형이상학적 종교 대신에 자연과학 정신의 특징인 보편성을 중요하게 생각하는 시대로 변모하였다.

새로운 과학적 방법을 통한 진리가 생활에 영향을 주어 다른 모든 부분도 과학처럼 올바로 이해할 수 있다는 믿음을 전파했다. 달랑베르, 몽테스키외, 루소 등에 의해 과학혁명은 계승되었으며 자연과학의 진보를 거울삼아 사회과학과 인문과학으로 발전시키려는 노력이 이루어졌다. 당시에 정치, 경제 등 다른 분야에도 뉴턴의 방법을 적용할 수 있다는 믿음이 생겨나기도 했다. 18세기 유럽의 계몽주의는 사람들의 모든 생활을 근본적으로 변화시켰다.

물론 과하면 반드시 이에 대한 반발도 이어지는 법이다. 이성이 중요한 건 알겠는데 이성의 폭주가 사회를 안정시키거나 발전시키는 일방적 방향성을 가지지는 못했다. 이런 부정적인 측면을 간과할 리가 없는 당대의 지성이었다. 이성에 대한 반감이 낭만주의로 번지는데 역설적이지만 이 또한 올곧이 뉴턴의 영향이었다.

제7장 뉴턴 이후의 과학

17세기가 뉴턴에 의한 과학혁명의 시작이었다면 18세기는 세상만사가 뉴턴의 방법으로 설명될 수 있다는 확신이 굳어진 시대였다. 이에 힘입어 19세기는 2차 과학혁명이라 불릴 만큼 과학의 대변혁 시대였다. 물리학에서 시작된 과학혁명은 화학, 생물학 및 지구과학의 전 분야로 번져 자연철학 대신에 과학이라는 분야가 정식으로 출범했다. 물리학은 열, 전기와 자기 등의 분야도 뉴턴의 방식으로 연구되어 정립되었다. 그렇게 완성된 물리 분야를 총칭하여 후일 고전물리학[64]으로 불리게 되었다. 화학은 연금술의 신비주의에서 벗어나 과학적 체계가 자리잡힌 학문으로 자리 잡았고 생물학, 지질학, 천문학도 이전과는 완전히 다른 변화로 자리매김을 하였다. 물론

64 고전물리학은 현대물리학과 구분하기 위하여 20세기에 붙여진 뉴턴역학 체계를 바탕으로 한 물리학 체계를 의미한다.

수학도 커다란 발전을 이루었다. 이 시기에 간과할 수 없는 것은 과학적 지식에 기반을 둔 기술의 혁혁한 발전이다. 그 중심이 전기와 자기 현상을 응용한 여러 기술의 진보였다. 수많은 발명이 이루어져 낡은 문명의 기초가 파괴되었다.

20세기 들어 기존의 물리학 체계가 원자의 세계와 빛의 속도와 같이 매우 빠르게 움직이는 물체의 운동에는 올바르지 않다는 것이 밝혀졌다. 이를 설명하는 양자역학과 상대성이론으로 현대물리학이 탄생하였다. 새로운 물리학 체계는 물질의 본성과 시간과 공간에 대해서 기존과 전혀 다른 관점을 보였다. 현대물리학이 시작된 지 한 세기가 훌쩍 넘었고 물리학의 진보는 아직도 진행 중이다.

고전물리학의 완성

중력과 함께 고전물리학의 가장 핵심이 되는 열과 전기 및 자기 현상에 관한 이해는 19세기에 달성되었다. 18세기 중반부터 증기기관을 비롯하여 열의 공학적 활용이 늘어남에 따라 열의 물리적 본성에 관한 기초 연구가 활발하였다. 19세기에 열역학이 정립되므로 열 현상을 물리적으로 이해할 수 있게 되었다. 오늘날 물리학에서 에너지 보존법칙은 가장 중요한 기반 법칙으로 알려져 있다. 에너지 보존법칙은 열역학에서 처음으로 도입되었고 중력 및 전자기 등 모든 물리계에 적용되었다. 열 현상은 또 다른 변혁을 가져다주었다. 원자론적 관점에서 열 현상을 다룬 통계역학은 완전히 새로운 물리학이었다. 물리학을 통계적으로 다룬 적이 없었기 때문이다. 광학도 변혁을 겪었다. 17세기에 뉴턴의 권위로 입자설이 주류가 된 이래, 19세기에 파동설이 다시 등장하여 입자설과 양립하게 되었다.

무엇보다도 물리학의 가장 중요한 진보는 수학 체계 구축으로 인한 전기와 자기 현상의 온전한 이해였다. 전자기학은 전자기력에 도입된 장(field)의 개념으로 힘이 공간에서 어떻게 전파되는지 설명할 수 있었다. 중력에 의한 힘이 공간으로 어떻게 전달되는지를 설명하지 않는 뉴턴역학과는 근본적으로 다른 관점이었다. 18세기가 뉴턴에 의해 공식화된 중력 법칙이 힘 개념의 중심이었다면 19세기는 물리의 경계를 완전히 넘어서 확장된 전자기력이 힘의 중심이 되었다. 전자기 현상을 응용한 기술은 인류 문명사를 완전히 바꾸어 놓았다.

전기의 역사는 플라톤의 대화편[65]에서 문질러진 호박이 다른 물질을 잡아끈다는 얘기가 나올 만큼 오래되었다. 자석 현상도 오래전에 이미 알려져 아리스토텔레스는 자석이 영혼이 있는 물질이라고 하였다. 전기를 인공적으로 만들 수 있는 것은 19세기가 되어서야 가능했다. 전지의 발명으로 동력원의

65 플라톤의 대화편 중의 '티마이오스'에 나온다. 티마이오스는 자연철학에 관한 내용을 담고 있다.

조절이 가능해져 사람들은 인위적으로 원하는 실험을 할 수 있었다. 실험은 온갖 현상을 알려주었다. 자석과 전류가 흐르는 전선이 서로 힘을 주고받고 두 개의 전류가 흐르는 도선도 서로 힘을 주고받는 사실을 알려주었다. 이로써 전기와 자기가 서로 분리된 현상이 아니라는 것을 확실히 보여주었고 전류가 자기를 생성시킨다는 사실을 알게 되었다. 그래서 각각의 전선 안의 전류가 만들어낸 자기장은 서로의 전선에 힘을 가하는 것으로 이해하면 되었다.

전류가 자기장을 생성시키는 것처럼 자기장도 전류를 생성할 수 있음이 패러데이의 실험으로 밝혀졌다. 자기장에 의한 전류의 생성에 관한 패러데이 법칙은 오늘날 발전소의 원리가 되어 전기의 생산에 쓰이는 기본 법칙이다. 전기와 자기 현상에 대한 완전한 통합의 수학적 체계는 맥스웰에 의해 완성되었다. 4개로 구성된 맥스웰방정식은 전기와 자기 현상을 모두 표현하고 온갖 전기와 자기 현상을 설명할 수 있다. 맥스웰방정식의 가장 중요한 성과는 빛이 전기장과 자기장이 함께 진동하는 전자기파임을 밝힌 것이다. 맥스웰 이론은 진동하는 전자기파를 생성해 낼 수 있었고 이는 얼마 지나지 않아 실험으로 증명[66]되었고 궁극적으로 공학에 응용되었다. 오늘날 라디오, TV, 핸드폰 등 모든 신호 전달 매체는 전자기파

66 헤르츠의 실험으로 증명되었고 대륙 간의 무선 통신은 마르코니에 의해서 증명되었다.

를 이용한 것이다. 전자기학은 인류 문명의 새로운 장을 열었다. 뉴턴 이후에 이루어진 물리학의 발전으로 놀랄만한 신세계가 열린 것이다.

과학의 일대 전환

19세기 과학의 발전은 또 다른 과학혁명[67]이라고 불릴 만큼 모든 분야에서 새로운 변혁이 있었던 시대였다. 화학, 생명과학, 지구과학 분야는 18세기 말이 되어서야 비로소 학문으로서 틀이 잡히기 시작했다. 화학이 연금술 대신에 과학으로서 제자리를 잡은 것은 물리학 발전의 영향이 매우 컸다. 전기와 자기 현상의 연구로 물질의 본성에 대한 이해가 가능해졌기 때문이었다. 화학 반응을 일으키는 재료의 무게를 측정하는 등의 물질의 정량적인 측정을 할 수 있게 된 것도 전기 장치 덕분이었다. 측정을 통해 라부아지에는 수소와 산소가 원소임을 밝혀내었고 이들의 화합물이 물이라는 사실을 발견하여 물질보존 법칙을 확립하였다. 이로써 화학이 연금술처럼 비법이 통하는 신비주의가 아니고 법칙으로 이해할 수 있는 체계로 자리 잡을 수 있었다. 돌턴은 물질이 순수 원소로 이루어진 정해진 수의 원자로 구성되었다고 하였다. 이 시

---

67 이 시기의 과학의 발전은 전 분야에 걸쳐서 폭넓고 깊게 이루어졌기에 학자에 따라서는 뉴턴의 1차 과학혁명에 이어 2차 과학혁명이라고도 불린다.

기에 많은 원소가 발견되어 주기율표가 채워지기 시작했으며 유기 화학과 산업 화학에 기반을 둔 과학이 처음 생겨 화학은 분야를 거느린 실질적인 과학이 되었다.

물리학과 화학을 합친 융합 분야도 생겨났다. 빛의 파장을 분석하여 화학 성분을 알아내는 분광학은 물리, 화학 및 천문학에 다양하게 이용되어 새로운 현상을 알아내는 중요한 역할을 하였다. 특히 천문학은 분광기로 별의 화학 성분을 알 수 있게 되어 별의 구조 및 진화에 대해서 처음으로 이해할 수 있었다. 연구의 신기원이었다.

무엇보다도 생물학의 일대 전환은 의심할 여지 없이 지상 세계의 가장 큰 혁명이었다. 찰스 다윈의 진화론은 하나의 과학 이론이 창출된 것에 머무르지 않았다. 인간 자신에 대한 관념을 기존의 기독교적 인간과 자연관에서 유물론으로 바꿔 버렸다. 진화론은 즉각적으로 다른 분야들의 융합으로 새로운 분야들을 탄생시켰다. 새로운 지질학과 비교 해부학이 합쳐져 고생물학이 탄생하게 된 것은 진화론의 결정적 영향이다. 지질학의 발달은 원시 시간의 개념을 만들었고, 지구 역사를 수천 년에서 수십 억 년으로 확장하여 역사의 전체 개념에 큰 영향을 끼쳤다.

수학에도 양과 질에 있어 이전과는 비교가 되지 않을 만큼의 발전이 있었다. 융성의 정도는 다른 학문 못지않게 방대하였다. 기하학은 유클리드 기하학 하나뿐이던 것에서 투영 기하학, 도형 기하학 그리고 곡면상에서의 기하인 비유클리드 기하학이 새로이 생겨났다. 대수학도 논리 대수학, 행렬 대수 및 이중 대수로 다분화 되었다. 특히 프레게에 의해 창시된 논리 대수학은 현대 컴퓨터 시대의 기초를 다진 이론을 제시한 것인 만큼 향후 엄청난 지식 창출의 잠재성을 띠고 있었다. 비교 대상이 없는 새로운 수학으로 군, 위상의 개념 등도 새로이 발견되어 수학의 황금기가 발현되었다.

전문화된 과학

과학의 전문 분야가 생겨나고 주제가 다양해지므로 자연히 연구에도 기존의 포괄적인 것에서 세분화하는 분리가 강조되었다. 자연스레 아마추어 수준에서 벗어나 전문적인 지식을 갖춘 과학자들이 연구를 주도하게 되었다. 19세기에는 과학 전담의 교수직이 생겨나 과학 교육도 전문화되었다. 과학을 업으로 삼아 생계를 꾸려나가는 과학자라는 직업이 처음으로 생겼다. 과학과 기술의 관계가 정립된 것도 이즈음이다. 18세기에서 19세기 중반에 걸친 산업혁명은 과학과 기술의 상호 관계가 정립되는 계기가 되었다. 과학 지식이 기술에 응용되어 과학은 지식을 얻는 수동적 위치에서 기술의 발달을 꾀하는 능동적 위치로 변하게 되었다. 과학의 분야 각각의 역할이 증대됨에 따라 물리, 화학, 천문, 지질, 생물 등 분야마다 학회가 생겨나고 학회의 정기 간행물이 출판되어 과학자들의 연구 논문이 나오게 되었다.

대학의 과학 개혁은 과학의 전문화에 크게 기여하였다. 독일의 과학 개혁은 과학의 발전에 어떤 영향을 주었는지 중요한 본보기이다. 19세기에 독일에서 체계적으로 확립된 과학 제도는 오늘날에도 크게 차이가 없을 만큼 현대적이었다. 과학 연구 및 교육의 효율성 증가를 위해서 치열한 경쟁구조를 가지도록 개혁하였다. 교육 및 연구를 위한 실험실이 강화되고 대학원 세미나가 활성화되었다. 연구 목적의 특수 기관이 대학 안에 설립되어 교수와 학생이 연구팀을 이루어 연구가 이루어지도록 하였다. 우수한 교수의 스카우트 제도가 일반화되어 교수 간의 경쟁이 연구 의욕의 증대에 중요한 역할을 하였다. 과학 전담 교수는 연구로 새로운 지식을 창출하여 이를 보급하도록 했고 자유로운 연구를 위해 학문의 자유를 보장했다. 교육의 활성화를 위한 강사제도의 도입은 교육 인력의 증가에 큰 역할을 하였다. 이러한 시스템으로 교수들은 연구 성과로 능력을 인정받았고 연구의 방법은 고스란히 학생들에게 전수되었다. 이러한 제도는 과학의 전문적 발전과 교육 전반에 커다란 영향을 끼쳤음은 물론이다. 미국이 세미나 교수법 및 연구 중심의 실험실 활동의 독일 교육 시스템을 도입하고 연구 지원 목적으로 재단을 설립하여 정부 차원의 연구 활동 지원을 시작한 것은 주목할 만하다. 이러한 시스템의 도입은 20세기의 과학 연구의 폭발적 증가와 과학과 기술의 밀접한 관계 설정에 동력원이 되었다.

현대물리학의 탄생

물리학은 더이상 연구할 게 없다고 할 만큼 고전물리학은 대단한 성공을 거두었다. 급기야 19세기 말에는 물리 종말론이 고개를 들기도 하였다. 눈으로 볼 수 없는 원자의 행태가 새로운 물리학으로 탄생할 줄은 아무도 예측하지 못했다. 그러나 열을 원자나 분자들 사이의 에너지 분포로 고려한 통계역학이 매우 성공적이었기 때문에 원자론이 무시될 수는 없었다. 비슷한 시기에 물질을 구성하는 최소한의 알갱이의 존재를 함의하는 실험적 증거는 많아졌다. 여러 실험은 전하가 기본 최소 단위를 가졌고 전기는 기본 전하의 배수로만 얻어진다는 것을 보여주었다.

1911년에 러더포드의 실험으로 원자(atom)가 질량이 양의 무거운 핵(nucleus)에 집중되어 있고 그 주위를 도는 음의 전자(electron)로 구성되어 있음이 알려졌다. 그런데 양과 음으로 전기를 띤 알갱이가 서로 끌리듯이 원자 속의 전자는 핵에 끌려야 하는데 궤도를 유지하면서 계속 돌고 있는 것은 미스테리였다. 당시에 수소, 산소, 질소 등 많은 원소 등에 빛을 쏘여 방출되는 빛을 프리즘을 통해 측정하는 실험이 많이 수행되었다. 이때 원자가 방출하거나 흡수하는 빛(에너지)이 연속이 아니고 불연속의 띠[68]를 이루고 원소마다 형태가 다르게 나타났는데 왜 그런지 알 수 없었다. 고전물리학은 에너지가 불연속적인 상태를 예측하지 못하므로 이에 대한 설명이 필요했다.

원자의 세계가 고전물리학으로 설명되지 않는 것처럼 빛처럼 매우 빠르게 운동하는 물체의 운동에 대해서도 그렇다. 고전적으로 모든 입자의 운동은 절대공간에 관하여 뉴턴역학을 따르며 어떠한 관성계[69]에서도 운동 법칙은 불변이다. 소리나 음파가 공기나 물과 같은 매질 안에서 전달되는 것처럼 또 다른 형태의 파동인 빛이 태양에서 지구에 도달할 때 우주 공간을 채우고 있는 에테르라는 매질을 통해 전달되는 것은 의심할 여지가 없었다. 그러나 실험[70]으로 에테르의 존재를 확인하고자 했으나 발견되지 않았다. 만약 실험이 옳다면 에테르[71]는 없는 것이고 빛의 속도는 관성계에서 항상 일정[72]하

---

68 이를 선스펙트럼(line spectrum)이라 부른다.

69 등속운동하는 계를 관성계라고 한다. 예를 들어 한 관찰자는 정지해 있고 다른 관찰자는 일정한 속도로 움직일 때 두 계는 관성계이다.

70 마이켈슨-몰리 실험이다. 이들은 에테르의 존재를 증명하고자 실험을 했으나 결과는 부정적이었다. 실험 방법에 문제가 있는 것으로 생각했다. 그러나 만약 실험 결과가 옳다면 에테르는 존재하지 않는다.

71 에테르는 아리스토텔레스의 제5원소에서 유래하였다.

72 시속 50 km/h로 달리는 버스 안의 관찰자는 같은 방향으로 시속 100 km/h의 속도로 움직이는 버스의 속도를 50 km/h로 측정할 것이다. 상대속도의 개념인데 빛의 속도만큼은 그렇지

다. 이러한 사실 또한 고전적으로 설명할 수 없다.

양자역학

에너지의 불연속 상태를 가정하면 문제가 풀린다는 것을 플랑크는 처음으로 알았다. 불연속인 에너지 단위는 양자(quanta)라고 명명되었다. 빛의 에너지가 덩어리로 되어있고 이를 개개의 입자로 고려하면 흑체 복사(Blackbody Radiation)와 광전효과(Photoelectric Effect) 같은 실험 결과가 설명되었다. 흑체(Black body)[73]가 흡수한 에너지를 방출하는 복사에너지의 분포나 금속 표면에 빛을 쪼여서 전자가 방출되는 현상인 광전효과는 빛이 마치 당구공처럼 행동하는 것처럼 고려하지 않고는 설명할 수 없었다. 빛은 파동으로서 전자기파이지만 입자인 광자로서도 고려되어야 했다.

러더포드의 실험으로 원자 내의 핵 주위를 전자가 돌고 있는 것은 확실해 보이는데 고전적으로는 일정 거리 떨어져 있는 양성자 주위의 전자는 끌림력에 의해 순식간에 양성자에 달라붙어야 하므로 설명 불가였다. 보어는 전자가 원자 내의

않다. 같은 방향으로 움직이는 두 줄기의 빛을 가정하자. 둘 다 같은 속도이므로 한쪽 빛의 관찰자는 다른 빛의 속도를 0으로 관찰해야 함에도 다른 쪽의 빛의 속도를 원래의 빛의 속도로 관찰한다. 그래서 빛의 속도는 관성계에서 항상 일정하다.

73 흑체란 받은 에너지를 모두 방출하는 이상적인 복사체이다. 복사에너지를 방출하는 난로 등이 흑체와 가깝다. 이때 방출하는 에너지의 그래프를 고전적으로 설명하지 못한다.

주어진 특정 궤도에서만 존재하고 전자가 궤도를 바꾸기 위해서는 빛을 흡수하거나 방출한다고 가정했다. 높은 궤도에서 낮은 궤도로 내려오기 위해서는 소지하고 있던 빛을 방출하고, 낮은 궤도에서 높은 궤도로 옮기기 위해서는 빛을 흡수하여 에너지를 얻어 올라간다. 이때 얻거나 방출하는 빛의 양은 불연속으로 정수배로 증가한다. 보어의 가설로 수소 원자의 에너지 준위를 정확히 맞출 수 있었다. 에너지뿐만이 아니라 운동량, 위치, 각운동량 등 모든 물리량이 양자화된다.

양자역학의 핵심은 모든 파동이 입자적 성질을 가지고 모든 입자가 파동적 성질을 가지는 이중성(duality)이다. 고전물리에서 입자와 파동은 서로 독립적으로 해석되고 서로 간에 연계성이 전혀 없다. 그러므로 이중성은 뉴턴역학과 양자역학을 결정적으로 가르는 핵심적인 양자역학 고유의 물리적 성질이다. 입자를 파동으로(또는 파동을 입자로) 고려하면 당장 입자의 위치를 정하는데 문제가 생긴다. 입자의 위치는 크기가 없는 하나의 점으로 표현될 수 있어 확정적이지만 파동은 크기가 있으므로 위치는 확정된 점일 수 없고 파가 형성된 어딘가에 있게 된다. 위치와 마찬가지로 운동량[74]에의 정확성 또한 모호해진다. 이중성은 위치와 운동량을 동시에 측정하는 것을

---

74 운동량(p)은 입자적 물리량이고 파장(λ)은 파동적 물리량으로 이 둘은 서로 입자/파동의 이중성에 의해 $p=h/\lambda$의 관계식으로 연계되어 있다. 그래서 파장이 잘 정의되면 운동량의 불확실성은 작아진다.

불가능하게 한다. 운동량을 정확히 측정하면 할수록 위치의 측정이 애매해지고(그림8a) 역으로 위치를 정확히 측정할수록 운동량이 모호해진다.(그림8b) 이러한 불확정성의 원리(uncertainty principle)는 양자역학의 핵심 원리이다.

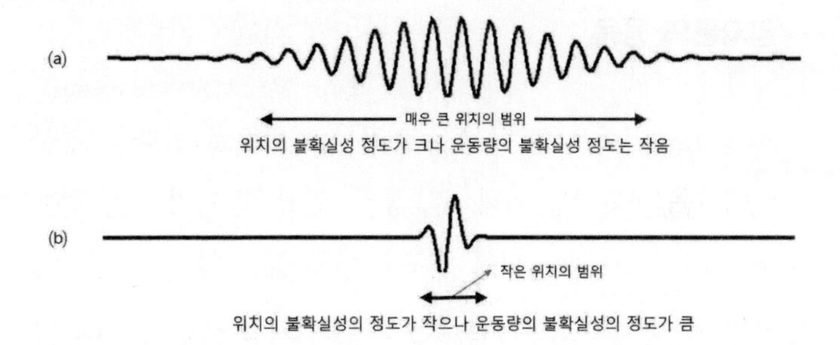

〈그림 8〉 불확정성의 원리 개요. (a) 파의 범위가 커서 위치의 특정이 어렵다. 반면에 파가 많아 파장이 잘 정의되어 운동량의 불확실성이 작다. (b) 파가 있는 범위가 작아 상대적으로 위치의 불확실성은 작으나 파가 매우 적어 상대적으로 파장이 잘 정의되지 않아 운동량의 불확실성이 커진다.

양자의 세계에서 입자의 위치와 운동량이 동시에 정확히 측정되는 일은 결코 없다. 모든 자연과정이 역학적 법칙으로 진행되어 운동의 모든 것이 결정된다는 고전물리학의 결정론과는 상반되는 개념이다. 운동량과 위치와의 관계처럼 에너지와 시간에 대해서도 똑같이 기술될 수 있다. 시간의 간격이 매우 짧게 알려지면 대신에 에너지의 불확실성이 커지게 된다. 양자방정식인 슈뢰딩거방정식은 양자 현상을 정확히 설명한다. 뉴턴역학의 결정론과 대비하여 양자역학에서는 위치 등 모든 물리량을 확률로 규정하여 슈뢰딩거방정식은 허용되는 원자 상태의 에너지를 정확히 예측한다. 뉴턴역학 이후 가장 급진적이고 혁신적인 양자 이론이 원자 세계의 행태를 이해시켰다.

양자론의 응용

20세기 물리학은 양자 현상 연구를 기반으로 한다. 고전물리학에서 연구되었던 역학, 열, 통계, 전기 및 자기 현상 등은 모두 양자적으로 해석되어 연구되었다. 일상생활과 밀접하게 연관된 레이저도 전형적인 양자 현상이다. 레이저는 오늘날 측량, 금속가공, 정보처리, 임상의학의 치료 등 많은 분야에서 응용되고 있다. 원리는 광자가 바닥상태 또는 여기상태에 있는 원자와 상호작용하는 방법에 기인한다. 레이저 빛은 모든 빛이 위상이 같고 좁은 폭의 단색광의 에너지를 가지기 때문에 먼 거리까지 퍼짐을 최소화하여 전달된다.

물질의 구조와 성질도 양자론으로 비로소 확실히 이해되기 시작했다. 물질 내의 원자 사이의 결합이 이온, 금속 또는 공유 결합으로 이루어진 것이나 x-선을 이용한 결정구조 역시 양자론으로 설명할 수 있다. 도체와 절연체 및 반도체는 전자가 있을 수 있는 허용된 띠와 있을 수 없는 금지된 에너지띠의 양자 개념으로 설명할 수 있다. 전기가 잘 통하는 것들과

안 통하는 것들은 전자기학으로 어느 정도 이해되었으나 비로소 완전히 이해된 것은 양자역학에 의해서였다. 특히 반도체의 여러 현상은 순전히 양자적으로 이해되며 오늘날 집적회로(IC)는 컴퓨터 등을 가능하게 했다. 그밖에 전기저항이 어떤 온도 이하에서 사실상 0이 되는 초전도 현상을 설명하는 BCS[75] 이론도 양자 현상 기반의 이론이다. 양자역학은 화학에도 커다란 영향을 끼쳤다. 양자론이 원자에 적용된 것처럼 분자에도 적용되어 분자 상태의 에너지를 계산할 수 있었다. 그러므로 양자역학으로 분자의 안정성이나 화학 반응에 대한 설명이 가능하게 되었다.

상대성 이론

아인슈타인은 모든 관성계에서 빛의 속도가 변하지 않는다면 대신에 다른 무엇인가가 변해야 한다고 생각했다. 관찰자와 관계없이 빛의 속도가 일정하려면 대신에 거리가 줄고 시간이 천천히 흐르고 물체의 질량이 증가해야 효과가 보상된다. 운동하는 물체와 함께 움직이고 있는 관찰자와 움직이는 물체에 대하여 정지하여 있는 관찰자는 물체의 길이, 시간,

---

[75] 1957년에 미국의 존 바딘, 리언 쿠퍼, 존 로버트 슈리퍼가 제안했으며, BCS는 세 사람의 이름 앞글자를 의미한다. 두 개의 전자가 포논(phonon)과의 상호작용에 의해 쿠퍼 쌍을 이루고 이에 의한 효과로 저온 초전도체의 초전도 현상을 설명한다.

질량 등의 물리량을 서로 다르게 측정한다. 물체가 빛의 속도에 가까이 다가갈수록 측정의 차이는 더 크다. 물체가 등속 운동할 때 물체와 함께 움직이는 관찰자는 물체가 정지 상태에 있을 때의 물체 길이, 시간 및 질량을 측정한다. 다른 한편으로 움직이는 물체에 대하여 정지하여 있는 관찰자는 정지 상태의 물체보다 더 짧은 길이, 더 느린 시간과 더 커진 질량을 측정[76]하게 된다. 그래서 특수상대론에서 변하는 것은 시간과 공간이다. 시간과 공간은 뉴턴역학에서 외적 요인과 관계없이 절대적으로 변하지 않지만 특수상대론에서는 상대적으로 변한다.

뉴턴역학에서 서로 다른 공간에서 두 사건이 동시에 일어나는 것이 가능하지만 특수 상대성 이론에서는 서로 다른 공간에서 사건이 동시에 일어나는 것이 불가능하다. 특수 상대론에서 다른 곳에서 일어나는 두 사건은 사건이 일어나는 기준계에 의존하기 때문이다. 일어나는 사건 사이의 길이와 시간의 간격은 기준계에 따라 다르게 나타나므로 물리량은 단순히 절대적이 아니다. 그러므로 서로 다른 사건이 동시에 일어나는 동시성(simultaneity)은 상대론에서 모호해진다. 현재의 개념이 모호해져 운동이 일어나는 기준계의 관점과 관계없이 어

---

76 정지 상태의 길이(l), 시간(t) 및 질량(m)에 대해 각각 $L=l\sqrt{1-v^2/c^2}$, $T=t/\sqrt{1-v^2/c^2}$ 이며 $M=m/\sqrt{1-v^2/c^2}$ 로 측정하여 물체의 속도가 빛의 속도에 가까울수록 효과는 크게 나타난다.

떤 위치에서 어떤 시간을 특정하여 사건이 일어난다는 것은 무의미하다. 이러한 물리적 논증은 오직 현재만 실재라던지, 지금의 연속적인 진행을 통하여 시간이 흐른다거나 하는 시간에 관한 기존의 철학적 관점도 무의미하게 만들었다.

뉴턴역학에서는 서로 멀리 떨어져 있는 두 사건이 똑같은 시각에 일어난다는 믿음에서 시간과 공간을 아무 거리낌 없이 따로 떼어 분리할 수 있었다. 그러나 상대론에서는 동시성이 관찰자에 대해서 상대적이기 때문에 시간과 공간을 따로 분리할 수 없다. 관찰자에 따라 공간과 시간이 같이 변하기 때문이다. 그래서 특수상대론은 공간과 시간(space and time)을 시공간(spacetime)이라 한다. 아인슈타인은 등속계에서 적용되는 특수상대론을 가속계에 확장하여 일반상대론을 구축하였다. 중력에 의한 시간 지연 현상과 중력파[77]의 존재를 일반상대론은 예측한다.

시간 지연, 길이 수축 또는 중력에 의한 시간 지연 등 상대론에서 나타나는 효과는 실험으로 증명된 사실이다. 단적이고 명료한 예를 들어보자. 내비게이터에 쓰이는 GPS는 오늘날 일상생활을 영위하는데 필수적인 도구이다. GPS가 정확한 위치를 파악할 수 있는 것은 최소한 3대의 전담 위성이 지구상

---

77 아인슈타인에 의해서 예측된 지 100년 만에 2015년 LIGO 실험 그룹에 의해 중력파가 처음으로 검출되었다. 100년 만에야 검출된 이유는 지구에 도달하는 중력파의 세기가 매우 약하여 측정할 수 있는 기술의 발달이 있어야 했기 때문이다.

을 돌기 때문이다. GPS가 거리를 정확히 측정하기 위하여 시간을 매우 정확히 측정할 수 있어야 하므로 오늘날의 GPS 위성에는 가장 정확한 시계인 세슘원자시계가 탑재되어 있다. GPS 위성들은 지상에서 약 1만 7600 킬로미터 상공에서 시속 2천 킬로미터의 속도로 지구 주위를 돌고 있다. 위성이 빠른 속도로 움직이므로 특수 상대론에 의하면 위성에 탑재된 시계의 시간은 지상의 시간보다 백만 분의 7초 늦어져야 한다. 반면에 위성이 매우 높은 곳에 있으므로 일반 상대론에 따르면 지표면보다 약한 중력 때문에 위성에서의 시간은 지표면보다 백만 분의 45초 빨라져야 한다. 만약 상대론이 옳다면 두 효과를 합하여 매일 GPS 위성 시계는 백만 분의 38초씩 늦어져야 한다. 이 오차면 GPS 위치 정보가 매일 10 km 정도 엇나가게 된다. 이 때문에 달리던 자동차의 내비게이터는 도로 대신 바다 위를 가리킬 것이고 유도미사일은 무용지물이 될 것이다. 우리가 GPS로부터 받는 위치 정보는 상대론 효과 보정을 이미 한 것이다. 아인슈타인의 상대론으로 우리는 정확한 위치를 알 수 있고 GPS의 상대론적 시간 보정은 상대론의 실험적 검증인 셈이다.

기본입자의 과학

현대물리학은 물질과 우주에 대한 근본적인 질문에 해답을 주고 있다. 자연에 존재하는 더이상 쪼갤 수 없는 물질의 구성단위인 기본입자를 알아내고 이들이 기본 힘들에 의해 어떻게 상호작용하는지 전모를 밝혀내고 있다. 기본입자와 이들의 힘에 따른 상호작용을 설명하려는 노력은 상당히 진전되었다. 자연의 기본 힘은 중력(gravitational force)과 전자기력(electromagnetic force), 강력(strong force)과 약력(weak force)의 네 가지로서 중력과 전자기력은 이미 알려져 있었다. 20세기 들어 원자의 세계에 적용되는 힘으로 나머지 두 개가 발견되었다.

원자의 전자와 원자핵의 전기력이 원자를 구성케 하는 요인이면 핵 안의 양성자와 중성자가 단단히 뭉쳐있게 만드는 힘이 강력(strong force)이다. 그리고 핵 내의 중성자가 양성자로 변하며 원소가 안정화의 과정을 거치는 과정이 약력에 의한 것이다. 전자기력은 중력처럼 무한대까지 힘이 미치고 강력과 약력은 오직 가까운 거리에만 미친다. 원자 안의 전자는 기본입자이지만 핵 내의 양성자와 중성자 등의 핵자는 기본입자가 아니고 쿼크로 구성되어 있음이 밝혀졌다. 전자와 같은 족(family)에 속하는 기본입자와 이에 대응하는 쿼크들이 속속 발견되었다.

통일장 이론은 태초에 한 개의 힘이 네 개의 힘으로 진화하여 오늘날에 이르렀다는 논리로서, 자연을 잘 묘사하는 완성된 이론 모형의 구축은 물리학자들의 로망이다. 19세기에 전자기학에서 전기력과 자기력이 합쳐진 이래, 통일장 이론은 자연의 모든 상호작용을 통합된 하나의 구조로 구축하려는 인류 호기심의 극단적인 결정체로 여겨져 왔다. 이를 위해서 우선 양자역학과 특수상대론을 하나로 통합했다. 통합된 상대론적 양자역학[78]은 전자기력에 의한 입자들의 상호작용을 매우 잘 설명할 수 있었고 이러한 기본 방법론은 다른 힘에도 적용되었다.

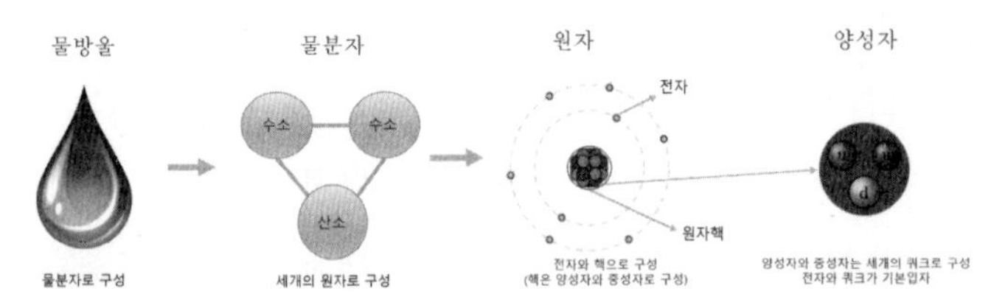

〈그림 9〉 기본입자의 이해. 물방울은 물 분자로 구성되어 있고 한 개의 물 분자는 두 개의 수소 원자와 한 개의 산소 원자로 구성되어 있다. 원자는 중심에 핵과 주위를 도는 전자로 구성되어 있고 핵은 양성자와 중성자로 구성된다. 양성자와 중성자는 각각 세 개의 쿼크로 구성된다. 전자와 쿼크는 더 이상 쪼갤 수 없는 물질의 기본 단위로서 기본입자이다.

중력을 제외[79]한 세 힘을 통합하려는 통일장 이론의 발견

---

78 상대론적 양자방정식은 디랙방정식이라 불린다. 전자 등의 입자들이 전자기력에 의한 상호작용을 포괄적으로 매우 잘 묘사하고 방정식은 후에 양자장론으로 발전했다.

79 원자 이하의 세계에 중력의 영향은 완전히 무시할 만큼 적기 때문에 일반적으로 통일장 이론에서는 제외되어 있다.

이 주요 연구 대상이 되어왔다. 힘들을 한 힘의 다른 표현으로 해석하려는 첫 이론이 표준모형[80](The Standard Model)이다. 표준모형은 실험적 결과들과 이론적 대칭성에 기반을 두고 있다. 모형에 의하면 우주에 존재하는 더이상 쪼갤 수 없는 기본입자는 상호작용에 직접 참여하는 입자와 이들 입자가 힘에 따라 상호작용을 하도록 매개시키는 매개입자로 나뉘어 있다. 참여 입자로서 6개의 경입자(Lepton)와 6개의 쿼크(Quark)가 있고 이들을 대칭적 성질에 따라 3쌍으로 구분하여 각각을 세대(generation)라고 한다. 경입자는 전자와 전자중성미자(electron neutrino), 뮤온(muon)과 뮤온중성미자, 타우(tau)입자와 타우중성미자로 쌍을 이루며, 이와 대응하여 쿼크는 각각 업(up)과 다운(down), 참(charm)과 스트랜지(strange) 톱(top)과 버텀(bottom)이 쌍을 이룬다. 쌍과 세대의 개념은 전하 보존법칙과 쌍을 형성하는 입자들 사이에만 존재하는 대칭적 성질에 근거한다. 이들은 스핀 1/2인 페르미온(Fermion)이다.

힘에 따라 달리 존재하는 매개 입자는 이론적으로 특정 힘에 의한 상호작용에 게이지 불변(gauge invariance)을 요구함으로 도출된다. 전자기력의 매개입자는 광자(빛)이고 약력은 세 개의 $W^{\pm}$와 Z^{0}입자가 있고 강력은 8개의 글루온(gluon)으로

---

80 1967년 와인버그와 살람에 의해 독립적으로 제안된 전자기력과 약력을 합친 전기약작용(Electroweak) 이론이 시조이다. 후에 강력의 이론인 양자색소역학(QCD:Quantum Chromo-dynamics)이 합쳐져 표준모형이라 일컫는다.

구성되어 있다. 이들 매개입자는 스핀이 1인 보존으로 게이지 보존(Gauge Boson)이라 불린다. 이들 외에 상기 기본입자가 질량을 가지도록 도와주는 힉스(Higgs)입자가 있다. 표준모형이 예측하는 입자는 2012년에 힉스입자를 끝으로 모두 발견되었다. 표준모형은 지난 50여 년간 실험과 일치하는 유일한 모형이자 최초의 통일장 이론이다.

표준모형을 관조해보면 자연은 뉴턴 시대에 상상했던 것보다 훨씬 더 단순하고 통일적인 자연법칙들의 지배를 받는 것을 알 수 있다. 표준모형은 수학만으로 유도되지 않을뿐더러 철학적인 예측의 논증으로도 발견될 수 없다. 입자들의 교묘한 대칭적 구조, 힘과 기본입자와의 신묘한 관계 등을 설명하기 위해서 오히려 미학적인 기준으로 방향을 틀고 많은 예측이 성공하면서 검증된 추론의 결과로서 자연을 잘 설명하는 것으로 아직 남아 있다.

표준모형이 잘 맞는 유일한 이론이라고 모든 현상을 설명하는 것은 아니다. 역설적으로 표준모형은 유일하게 자연을 잘 설명하는 모형이면서 우주 구성의 95%가 암흑물질과 암흑에너지가 차지하고 있다고 하여도 이를 설명하지 못한다. 더군다나 모형은 중력은 제외하고 통합되었으므로 불완전하다. 그 외에 이론적으로 여러 불완전한 요소를 가지고 있다. 문제점을 보완하기 위하여 2백여 종의 많은 이론적 모형이 여태까지 나와 있다. 모형 모두는 실험값과 이론적 예측값이 일치하지 않아 사멸된 이론이거나 모형의 예측이 실험으로는 아직 검증되지 않은 이론이다. 그러므로 표준모형을 제외하고 자연 현상과 일치하는 이론은 현재 없다. 1990년대 중반에 불완전성을 완전히 해소한 이론인 초끈 이론(Super String theory)은 자연의 모든 현상이 설명될 수 있을 것이라 하여 '모든 것의 이론(theory of everything)'이라 한때 불린 적이 있다. 그러나 이론적 예측력이 없어 이론의 진위가 불분명하다. 표준모형을 넘어서 새로운 자연 현상의 존재를 찾기 위한 노력은 이론과 실험을 통하여 지금도 계속되고 있다.

거대과학

고전물리학과 마찬가지로 현대물리학에서도 실험이나 관측을 연구의 필수적 요소로서 고려하나 실험을 통해 세계를 이해하는 관점이 다르다. 고전물리학의 물질 입자 개념 바탕의 기계론적 세계관에서 연구자는 자연이 실제로 존재하는 대로 자연 현상을 인식하였다. 낙하하는 구체나 평형 바퀴같이 공학적으로 간단한 실험 장치에 의존하여 알아낼 수 있는 자연의 원리를 탐구하였다. 이는 여타 다른 과학도 마찬가지이다. 그러므로 근대과학의 실험 방식은 자연을 기술로 바라보는 관점이었다. 그에 비하여 현대과학은 있는 그대로의 자연이 아니라 첨단 기술이 인식하는 주체의 연장이 되었다. 기술이 필수적인 도구가 되므로 실험에서의 정밀도는 기술의 발전에 전적으로 의존한다. 그러므로 현대과학의 실험 방식은 기술로 자연을 바라보는 관점이다.

〈그림 10〉 CERN의 지상최대 에너지의 LHC 가속기와 가속기 링의 도식도. 항공사진에 그려진 원형의 선이 가속기의 위치로서 둘레가 27 km에 이른다. 가속기는 지하 170여 m 아래 설치되어 있다. 현재 실험이 가동 중에 있다.
(CERN courtesy)

오늘날 새로운 것을 알기 위해서는 전례가 없는 정밀성이 요구되므로 최첨단의 기술이 접목되어 실험이 수행된다. 기술의 발전은 분야에 따라 종종 과학 실험의 거대화를 부추겼다. 생명과학이나 천체실험 및 입자물리실험 등 많은 과학 분야 실험의 규모가 거대화[81]되었다. 일반적으로 거대과학은 유럽의 CERN(유럽입자물리연구소)에 있는 시설처럼 첨단 기술의 장비와 방대한 조직을 필요로 한다. CERN의 경우, 거대 시설의 건설과 유지를 위해서 수천 명의 물리학자와 공학자, 기술자

81 생명과학의 게놈(유전자) 프로젝트, 천체물리의 각종 거대 망원경을 이용한 우주 관측 실험들, 입자물리학의 가속기 및 지하실험들이 이에 속한다. 인력 면에서 규모는 100여 명에서 수천 명에 이른다. 실험을 직접 수행하는 과학자 외에 실험을 보조해주는 엔지니어, 기술자, 행정 인력을 포함하면 이보다 몇 배 더 커진다.

와 근로자 및 행정인력을 가지고 있다. 더 나아가 설비의 건설과 운용에는 천문학적인 비용이 소요된다.

거대과학의 예로서 입자물리학을 예로 들어보자. 원자 실험의 초창기인 20세기 초의 실험은 과제, 인력 및 비용 면에서 소규모였고 이론과 실험이 완전히 분리되어 있지도 않았다. 그러나 입자의 에너지와 양을 인위적으로 조정할 수 있는 가속기가 발명되고부터 규모는 괄목할만하게 커졌다. 가속기를 이용한 실험은 가속기의 건설, 가동 및 운영이 더해지므로 기존의 방사선 입자를 이용하거나 우주선(cosmic ray) 실험[82] 등에 비해서 고비용과 더 많은 인력이 필요한 것은 당연하였다.

시간이 흐르면서 규모는 점점 더 커져 오늘날의 실험 연구는 방대한 설비와 광대한 조직이 필요하게 되어 기술, 경제 및 행정이 거대 연구의 통합적 요소로서 중요하게 자리 잡았다. 더불어 학제 간 공동 연구는 당연히 요구되며 연구에 대한 정책적 경영이 필수적이다. 더군다나 최첨단 기술을 접목한 초거대 시설로서 가속기 및 검출기, 연구 대상 사이에 기술의 벽이 점점 더 거대하게 존재한다. 그러므로 이를 이해하고 사용하는데 장기간의 수련 또한 요구되며 매우 복잡한 기술과 어려운 이론적 전제들을 근간으로 자연과 관계를 맺는다.

---

82 우주 공간을 떠도는 수많은 입자(주로 양성자가 많음)가 지구의 대기와 충돌하여 다른 입자로 붕괴하여 지표면에 도달한다. 이를 우주선이라 하는데 20세기 초창기에 이러한 우주선을 측정하여 새로운 입자나 현상을 발견하곤 했다.

환원주의와 창발성

오늘날 물리학이 알아낸 자연은 경이 그 자체이다. 입자물리학(particle physics)은 크게는 130여 역 광년에 이르는 우주 변방에서 작게는 쿼크나 전자 같은 기본입자에 이르기까지 많은 것들을 알아냈다. 물질을 이루는 기본입자가 규칙을 가지고 존재하고 이들이 자연에 존재하는 힘과 연결되어 있음이 밝혀졌다. 이처럼 자연의 근본을 찾는 연구는 원리적으로 모든 것을 설명할 수 있는 이론 체계의 구축이 목적이다. 이러한 단계에 이르는 것이 가능한지 불확실하나 자연의 근본에 대한 괄목할 만한 진보를 이루었고 더 알기 위한 노력은 진행 중이다. 만약 자연의 근본이 파악된다면 이러한 물리학 이론으로 다른 과학도 이해되지 않을까? 예를 들어 생물학의 연구 대상인 유기체도 궁극적으로 기본입자로 이루어진 매우 복잡한 물리적 실체이므로 기본입자가 이해되면 유기체를 이해할 수 있지 않을까?

가장 근본적인 문제가 해결되면 상위의 것들은 자연스레 이해된다는 사상이 환원주의(reductionism)이다. 연원은 그리스 시대로 올라갈 만큼 오래되었다. 그러나 뉴턴 이론이 나오기 전까지 환원주의 사상은 단지 철학적 사변에 지나지 않았다. 자연의 작동 방식을 잘 설명하는 뉴턴이론은 환원이 실현 가능한 목표가 될 수도 있다는 믿음을 싹트게 하였다. 환원에 대한 믿음은 현대물리학이 고전물리학으로 설명할 수 없는 것들을 해결하면서 더욱더 굳어졌다.

물리학이 다른 상위 과학 분야에 영향을 끼친 사례는 많다. 이러한 사례가 환원적은 아닐지라도 물리학이 끼치는 커다란 영향력은 환원의 가능성 또한 뒷받침하는 강한 예가 될 수 있다. 대표적으로 양자물리학이 화학 분야에 끼친 영향이다. 물질의 화학결합 체계와 분자의 구조가 양자 현상으로 이해되어 양자론을 적용한 화학의 연구 영역이 두 배 이상 늘어날 만큼 화학에 끼친 영향은 절대적이었다. 생물학의 DNA 이중나선구조의 발견은 물리학의 x-선 회절 기법이 결정적 역할을 하였다. 원자핵물리학 없이 분자생물학 분야는 전혀 가능하지 않았다. 이런 사례를 볼 때 물리학에서 궁극적으로 세계를 설명하는 모든 것의 이론이 구축된다면 원리적으로 상위 학문을 이해할 수 있지 않을까? 세계는 환원 가능하지 않을까?

다른 한편으로 특정 이론이 가장 근본적인 것을 올바로 다룬다고 해서 그 이론을 바탕으로 더 큰 구조를 이해할 수 있는지 의심스러운 사례도 많다. 예를 들어 물질이 고체, 액체 또는 기체로 변하는 상전이(phase transition) 과정은 단순한 규칙으로 설명할 수 없는 복잡한 조직화의 구조를 가진다. 조직화는 단순한 규칙으로 존재하는 어떤 것들이 안정화 되는 과정에 필연적으로 나타난다. 그런데 조직화하면서 심각한 정성적인 변화가 일어나 작은 사건들이 더 큰 것으로 조직화가 어떻게 이루어지는지 예측 불가능하다. 그러므로 조직화 과정의 실체에 속한 성질은 그보다 낮은 차원에서 발견된 성질로부터 알아낼 수 없다.

조직화는 열 등 여러 물리 현상에서도 나타나며 화학, 생물 분야에서도 나타난다. 간단하고 친숙한 예로 암모니아의 독특한 냄새의 근원을 알려고 한다고 하자. 암모니아를 이루는 수소와 질소를 조사한다고 해도 각각의 원소는 냄새가 없고 그렇다고 암모니아 냄새를 화학 법칙으로 예견할 수도 없다. 냄새는 개개의 구성원이 가지고 있지도 않고, 원소들이 상호 작용하여 화합물이 만들어질 때 나타나는 것도 아니다. 마찬가지로 물이 왜 투명한지 물을 구성하는 수소와 산소로부터 밝혀낼 수는 없다. 신경 세포와 피부 세포는 세포의 관점에서 원자 이하의 기본입자의 개념으로 환원 가능할 것으로 추정할 수는 있으나 왜 신경 세포의 수명이 피부세포보다 긴지 절대로 설명하지 못한다. 생물학 진화의 자연선택과 자기 조직화라는 메커니즘도 환원주의로 해석할 수 없다.

이처럼 하부의 규칙을 이해했더라도 밝혀낼 수 없는 복잡한 구조화를 창발(emergence)이라 한다. 창발은 예측 불가능한 상태를 계속 만들어 내어 근본적으로 통제가 되지 않는다. 모든 과정에는 자발적 창발이 나타나고 창발성은 예측 불가능한 자기 창조의 성질을 띠고 있다. 거대한 조직화가 일어나는 창발의 진리들로 우리의 자연이 만들어졌고 그것이 자연의 기본 법칙이라면 물리학으로 환원될 수 없다. 상위 과학의 연구 대상은 물리적 수준에서 복수로 실현되기 때문에 물리학에서의 단일 법칙으로는 이들을 설명할 수가 없을 것이다. 그러므로 자연의 창발성은 물리학이 추구하는 통일된 자연의 근본 원리를 알려는 노력에 제한과 한계를 부여할 수도 있다.

자연이 환원적이든 창발적이든 현대물리학이 들어선 지 100년이 훨씬 지난 작금에도 여전히 수많은 연구는 진행되고 있다. 연구의 끝은 존재하지 않으므로 모든 가능성을 열려져 있다. 2400년 전 아리스토텔레스가 사유했던 자연과 400년 전 뉴턴이 알아내었던 세계, 100년 전 아인슈타인이 머물렀던 우주, 이 모두는 인류의 호기심을 충족시키는 한 과정들로서의 거대한 장정이었다. 그 장정은 인류가 존재하는 한 계속될 것이다.

제8장 과학의 방법

고대 그리스의 자연철학은 올바르지 않은 부분이 많다. 그래서 많은 부분이 근대에 들어 수정되고 폐기되었다. 근대과학이 고대과학과 비교하여 더 정확한 이유는 과학을 수행하는 방법이 다르기 때문이다. 자연을 탐구하는 방법의 차이로 고대와 근대 이후를 나눌 수 있을 만큼 방법론은 매우 다르다. 그러므로 고대로부터 근대 및 현대과학이 어떤 방법론으로 과학적 진리를 추구해 왔고 과학적 진리가 방법론을 통해 어떻게 정당성을 확보했는지 이해하는 것이 중요하다. 과학의 방법론 등 과학 활동에 관련된 여러 논증은 철학적 관점에서 더 깊이 들여다볼 수 있으므로 철학의 주요 관심사이다.

연역과 귀납

보편적 법칙으로부터 세부적 진리를 끌어내는 연역(deduction)의 방법은 으뜸 원리를 기반으로 결론을 도출하는 톱-다운 방식의 분파적 체계를 가지고 있다. 연역적 논증은 전제가 참이면 결론도 필연적으로 참인 특징을 가지고 있다. 연역은 논리적으로 참인 것들을 대상으로 추론하므로 참 또는 거짓만을 다루기 때문에 논리학[83]의 진리에만 의존한다. 어떤 대상을 논증할 때 연역의 방법은 매우 강한 무기가 될 수 있다. 다음의 전제와 결론으로 이루어진 삼단논법[84]을 보자.

'모든 한국인은 김치를 좋아한다.'	첫 번째 전제
'홍길동은 한국인이다.'	두 번째 전제
그러므로 '홍길동은 김치를 좋아한다.'	결론

첫째와 둘째의 전제가 참이면 홍길동은 분명히 김치를 좋아한다는 결론을 얻게 된다. 이처럼 참인 결론을 도출하기 위하여 결론의 내용보다 범위가 더 큰 두 개의 참인 내용의 전

83 논리학은 참과 거짓을 다루는 학문이다. 증명이 참과 거짓으로만 끝나는 수학이 대표적인 논리학이다. 논리학의 진리라는 의미는 참 또는 거짓을 말한다.

84 아리스토텔레스가 처음으로 얘기한 것으로 탁월한 독창성의 산물이다. 그는 사상을 논하기 전에 준비되어야 할 논리적 형식을 또한 제시하고자 하였다. 그의 논리 형식 체계는 또 다른 커다란 학문 영역을 차지하고 있다. 그의 논리학은 '오르가논'으로 집약된다.

제를 적용하는 것이 연역이다. 어떠한 방식으로 엮어도 두 전제가 참이면 결론은 항상 참이 되는 것이 연역의 특징이다. 어떠한 긴 서술도 두 개의 전제가 참이면 결론은 반드시 참이 된다. 그러므로 연역 체계는 결론을 참으로 이끌기 위하여 논증에서 자신이 주장하고자 하는 주제를 증명하는 수단으로 많이 이용한다. 철학에서의 논증이 대표적인 연역이다. 연역의 방법을 원리적으로 과학에 적용할 수 있다. 다만 이때 전제로 이용되는 자연 현상이 반드시 참이라야 한다. 전제가 참이 아니라면 결론은 무조건 틀리게 되어있다.

연역과는 달리 경험 또는 관찰로부터 어떤 결론을 끌어내는 방법을 귀납(induction)이라 한다. 일상생활에 귀납이 스며들어 있다. 귀납은 일상생활을 영위하면서 우리가 흔히 쓰는 방법이다. 우리는 하루하루 생활하면서 앞으로 일어날 일들이 어떻게 일어날지 당연하게 여기는 경우가 많다. 아침에 출근할 때 동쪽에서 해가 뜨는 것을 보며, 직장을 가기 위해 자동차의 시동을 걸고, 직장에 출근해서 사무실의 컴퓨터 전원을 켠다. 이처럼 일상생활에서 일어나는 일들은 항상 그래 왔기 때문에 앞으로도 그럴 것이라고 무심결에 믿는다. 그렇지만 경험 축적을 통한 예측이 반드시 옳은 것은 아니다. 실제로는 내일 해가 동쪽에서 뜨는 것을 보장할 수는 없으며, 자동차의 시동이 걸리지 않을 수도 있고, 컴퓨터가 갑자기 말썽을 부릴 수도 있다. 이처럼 귀납을 바탕으로 한 해석은 정당성에 의문의 여지가 있을 수가 있다.

다음의 전제와 결론으로 이루어진 삼단논법을 보자.

'계란판 안에 열 개의 계란 가운데 다섯 개를 검사했더니 싱싱하다.'
첫 번째 전제
'계란판 위의 유통 기한은 날짜가 경과되지 않았다.'
두 번째 전제
'그러므로 계란판의 모든 계란은 싱싱하다.'
결론

위의 삼단논법은 앞의 두 전제가 참일지라도 결론은 항상 참이 되지 않는다. 설령 검사한 모든 계란이 싱싱하고 유통 기한이 지나지 않았을지라도 검사하지 않은 나머지 계란을 모두 검사해서 결론을 내리지 않는 한 모든 계란이 싱싱하리란 보장은 절대로 없기 때문이다. 이처럼 전제가 참이라도 결론이 거짓일 수 있는 것이 귀납이다.

고대과학의 방법

고대과학에서 탐구는 으뜸 원리를 바탕으로 한 연역 체계를 근간으로 하고 있다. 아리스토텔레스의 우주론, 지상 운동 체계 등의 자연철학 체계는 절대적으로 올바른 으뜸 원리였다. 완성된 이론이었기 때문에 해석하는 것만이 의미가 있었다. 그러므로 이론의 의미를 추론하여 알아내는 일이 과학이었다. 이처럼 진리가 이미 정해져 있다는 생각은 인간들의 마음속에 기본적인 진리가 이미 존재한다고 생각했기 때문이기도 하다. 이렇게 생각하게 된 대표적인 동기가 기하학원론이다. 유클리드 기하학은 매우 쉽게 이해할 수 있는 공리로부터 출발한다. 그래서 쉬운 공리로부터 유클리드 기하학의 모든 체계가 존재하는 것처럼 근본진리는 쉬우므로 알기 원한다면 언제든지 마음에서 소환하면 된다고 믿었다. 그러므로 이미 존재하는 세계의 진리로부터 자연의 체계를 이해하거나 그 안의 세부적인 진리를 알아내려 했을 뿐이고 체계 자체를 의문시하지 않았다.

관찰과 같은 측정행위도 일종의 시험으로서 기존 개념을 이해하기 위한 수단으로 이용되었을 뿐이다. 연구의 대표적 방법은 분류로서 동식물을 그들의 태생 또는 특성에 따라 나누는 작업과 같은 것으로 근간은 아리스토텔레스의 분류학에 뿌리를 두고 있다. 물론 분류의 방법은 현재까지도 많은 부분이 유효하다. 그러나 오늘날 분류의 방법은 과학 하는 방법의 매우 적은 영역을 차지할 뿐이다. 자연의 근본 현상을 이해하고자 하는 물리학이 다루는 자연 현상의 이해에 분류의 방법은 전혀 쓸데가 없었다.

과학 탐구에서 연역의 방법은 매우 오랫동안 쓰였다. 데카르트가 과학적 진리를 알아내기 위하여 연역의 방법을 적용한 게 17세기이므로 근대 초기까지도 사용되었다. 데카르트가 자신이 알아낸 것이 진리라고 주장할 수 있었던 것은 으뜸원리로부터 파생된 분파적 진리를 끌어내는 전형적인 연역의 방법을 사용했기 때문이다. 그는 우선 자신의 존재를 확신하고 신의 존재를 진리의 원천으로 규정했다. 그런 다음 신으로부터 받은 이성이 분명하게 판단하는 것은 참일 수밖에 없다는 결론을 내렸다. 그런데 이런 방식으로 판단한 그의 자연현상에 대한 설명은 거의 모두가 틀렸다. 혈액 순환[85]에 관한 사유, 별이 도는 원리, 광학, 자석 현상 등 과학에 대한 방대한 그의 사유 모두가 올바르지 않다. 연역을 과학에 올바르게 적용하려면 내세우는 으뜸 원리가 진리여야 한다. 데카르트의 으뜸원리는 진리의 원천으로서의 신이었다. 그러나 그것이 참임을 증명할 수는 없다.

근대과학의 방법

근대 초기[86]부터 자연이 작동하는 방식을 알기 위하여 인

85 혈액 순환에 관한 데카르트의 이론은 '방법서설'에 기술되어 있으며 별의 운동, 빛에 대한 여러 현상과 자석 등의 물리적 현상들은 '철학의 원리'에 실려 있다.

86 근대 초기는 대략 르네상스부터 17세기 및 18세기 중반에 걸친 시기를 이른다. 근대의 시작은 영국의 산업혁명(1760~)부터로 일반적으로 정의하고 있다.

간의 이성적 상상력보다는 실험이나 관측을 통한 탐구가 여러 분야에서 다양하게 나타났다. 베살리우스, 하비, 갈릴레이, 케플러 등 당시의 과학자들은 귀납의 방법으로 다양한 분야에서 중요한 결과를 끌어내고 있었다. 해부를 통해서 인체의 내부를 직접 관찰하고 망원경 또는 현미경을 이용하여 천상의 별과 지구상의 작은 생물의 관찰로 고대과학의 여러 주장이 잘못되었음을 알아내었다.

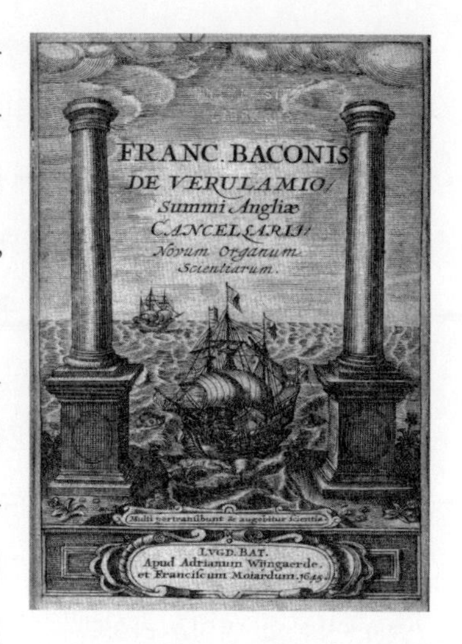

〈그림 11〉 프랜시스 베이컨의 '신기관'의 표지. 중앙의 배는 새로운 과학의 대양을 향해 나아가는 과학의 배를 의미한다. 제목 신기관(새로운 오르가논)은 아리스토텔레스의 오르가논에 대항하는 의미를 가지고 있다.

이러한 탐구의 결실은 자연 현상의 올바른 이해를 위해서 관찰이나 실험을 해야 한다는 생각을 널리 퍼지게 하였다. 이후 실험과 관측으로 과학이 양과 질에서 커다란 발전을 거듭했다. 뉴턴의 과학혁명 이후부터는 실험이나 관측의 결과를 토대로 이를 설명할 수 있는 법칙에 도달하고 법칙에 맞는 이론적 모형을 제시하는 게 공식적으로 과학 하는 방법이 되었다.

귀납은 사상적으로도 강한 지지를 받았다. 프랜시스 베이컨은 자연 탐구에 실험과 관찰의 필연성을 주장하고 귀납이 아리스토텔레스의 방법을 대신할 수 있는 새로운 방법이라고 역설하였다. 그가 귀납을 강하게 지지한 이유는 그가 살던 르네상스 시대의 획기적인 변화에 깊은 감명을 받았기 때문이었다. 당시의 중요한 발명이 고대과학의 방법론을 통해 이루어진 것이 아닌 것에 주목하여 위대한 발견을 위해서는 기존 학문의 전통과 결별하고 새로운 방법이 필요하다고 믿게 되었다. 저작인 '신기관(new organon)'에서 자연의 진리를 알기 위해서 실험을 해야 하고 지식은 점진적이고 연속적인 귀납[87]으로 발전해야 한다고 하였다. 인류 복리 증진의 유일한 길은 스콜라철학의 연역논리학과 결별을 선언하고 귀납을 통해 지식을 얻는 것이라고 역설하였다.

귀납 추론

관찰로 얻어진 데이터로부터 일반적인 결론을 도출하기 위한 추론의 본질적 구조는 단순하다. 추론의 복잡도의 여부와 관계없이 '관찰된 모든 A가 B라는 전제가 도출되면 다른 A도 B일 것이다'라는 결론에 도달하는 구조를 가진다. 관찰한 사례를 근거로 관찰하지 않는 사례에 대한 결론을 내리는 것이

[87] 귀납적 관찰 방법을 주장하여 근대 과학 정신의 초석을 쌓은 '신기관'은 고대과학은 말만 무성할 뿐 성과는 거의 없는 것으로 혹평한 '학문의 진보'와 함께 귀납의 사상적 토대를 마련한 저작으로 평가된다.

다. 물론 추론이 꼭 이런 식으로만 되지는 않는다. 만약 결론이 단수가 아니고 복수라면 이 가운데 하나를 반드시 선택해야만 한다. 이 경우, 어느 특정의 설명이 가장 그럴듯하다면 그것을 최종 결론으로 택할 수가 있다. 이 방법을 최선의 설명으로의 추론이라고 한다. 6천 5백만 년 전에 공룡이 멸종한 이유가 운석의 충돌 때문이라고 한다. 그런데 당시에 화산의 빈번한 활동 때문에 멸종되었을 수도 있고 아니면 몸집이 너무 커져 먹이가 부족하게 되어서일 수도 있다. 그러나 운석 충돌이 가장 그럴듯한 설명[88]으로 여겨지므로 공룡 멸종의 이유는 최선의 설명으로의 추론이라고 할 수 있다. 다른 예로서 액체 등에 떠다니는 미세한 입자들의 끊임없는 불규칙한 운동[89]을 들 수 있다. 불규칙한 운동의 이유로 여러 가지의 추론이 있는데 그중에 원자와 분자의 존재를 가정한 추론이 운동의 본질을 가장 잘 설명해 준다. 전형적인 최선의 설명으로의 추론이다. 일반적으로 결론이 여러 개일 수 있는 경우에 가장 단순하게 상황을 설명하는 결론이 맞을 개연성이 크다. 오컴의 면도날은 과학에도 적용될 수 있다.

추론의 또 다른 방법은 관찰을 통해 원인이 밝혀지고 그에 합당한 결과와의 연관을 통해서 결론을 내리는 것이다. 이처

88 공룡 멸종이 운석이 지표면에 충돌했기 때문이라는 원인과 결과를 놓고 보면 공룡 멸종은 인과적 추론에 가까울 수도 있다.

89 브라운 운동이라 한다.

럼 원인을 앎으로 결론을 내리는 방법을 인과적 추론이라 한다. 지구 온난화의 원인 규명이나 새로이 만들어진 약의 효과 연구를 위한 무작위 대조 시험 등이 대표적인 인과적 추론이다. 온난화의 원인을 알아내기 위하여 각종 화합물의 증감에 따른 온도 측정 변화 등을 따진다. 화합물의 변화가 원인이고 이로 인한 온도 변화가 결론이므로 둘 사이의 인과관계가 뚜렷하다. 새로이 개발된 약의 효능을 밝혀내기 위한 임상 대조 시험은 시험 대상을 무작위로 선택하여 진짜 약과 가짜 약을 주는 집단으로 나눈다. 이때 진짜 약을 받은 집단에 의한 결과만 약의 목적을 달성하였을 때 약의 효능이 유효하다. 원인에 의해서 결과를 알아내므로 인과적 추론이다.

최선의 설명으로의 추론과 인과적 추론은 데이터가 많지 않은 학문의 환경에서 주로 적용된다. 온난화 원인 연구는 자연환경에 존재하는 데이터를 이용할 수밖에 없으므로 데이터의 양이 제한적일 수밖에 없다. 대조적으로 약의 임상시험은 임상 대상의 사람을 더 많이 확보할수록 더 많은 데이터를 확보할 수 있으나 그렇다고 무한정 많은 사람을 확보하여 표본을 구할 수는 없다. 두 상황 모두 데이터가 부족할 수밖에 없다.

다른 한편으로 데이터 표본을 많이 구할 수 있는 과학 환경이라면 통계적 분석을 통하여 결론을 내릴 수 있다. 물리학의 많은 실험에서 증거가 어떤 가설로 설명될 때 증거가 가설의 확률이나 가중치에 기여 하는 정도를 계산하는 방법으로 추론을 하거나 순전히 데이터만을 적용하여 가설의 진위 여부를 통계적으로 판단한다. 이를 확률적 추론[90]이라 한다. 일반적으로 주어진 데이터가 많을수록 통계적 분석을 통한 확률적 추론이 더욱더 강한 도구가 될 수 있다. 확률적 추론이 적용되는 입자물리학 실험을 예로 들어보자. 새로운 자연 현상과 원자의 구조 또는 새로운 입자의 발견 연구는 모두 확률적 추론을 바탕으로 하고 있다. 새로운 입자가 실제로 존재하면 공명[91](resonance)으로 존재가 드러나므로 입자는 평균값을 중심으로 양쪽으로 매우 좁게 퍼진 분포로 나타난다. 그러므로 중심으로부터 퍼지는 정도 등을 분석하여 실제로 자연에 존재하는 입자인지의 가부를 따진다. 통계적으로 새로운 입자의 발견을 확증하기 위해서 백만 개의 새로운 입자로 여겨지는 관찰된 사건 중에 새로운 입자가 아닐 사건은 한 개 이하가 요구된다. 그러므로 확률적 추론은 추론 중에 정확도가 가장 커서 더 신뢰할 만하다.

---

90 확률적 추론에는 베이스주의와 빈도주의가 있다. 오늘날 입자물리학의 실험은 빈도주의에 근거한 확률적 추론이다.

91 공명은 물체의 고유 진동수와 일치하는 파동이 물체를 통과할 때 물체의 진동이 커지는 현상을 의미한다. 만약 새로운 입자가 어느 영역에 존재하면 그 부분은 다른 영역과는 달리 분포가 매우 커지므로 공명이라 한다.

발견의 방법론

귀납으로 실험 결과를 설명할 수 있을지라도 과학의 많은 사례는 경험적인 자료를 수집하여 결론을 끌어내는 귀납에서 끝나지 않는다. 결론을 바탕으로 합리적인 추론을 적용하여 법칙을 일반화시키는 과정이 있다. 법칙에 준거하여 일반화된 이론적 모형이 올바르다면 자연 현상을 예측하는 능력이 있어야 한다. 그런데 일반화된 이론이 예측력을 가져서 여러 자연 현상을 설명할 수 있다면 이론을 으뜸원리로 여길 수 있으므로 일반화의 과정은 연역이다. 이처럼 실험 결과로부터 법칙이 만들어지고 이론이 구축되고 이론의 보편성을 검증받는 과정은 귀납과 연역이 같이 개입한다. 이때 연역에 쓰이는 이론의 일반화를 위해 가설을 세우므로 가설-연역이라 한다. 뉴턴이 새로운 방정식을 도출되는 과정이나 추론을 통해 어떤 원리를 내세우는 과정이 이 방법이고 과학에 일반적으로 적용된다.

하비의 혈액 순환론, 뉴턴의 중력 법칙, 현대 물리의 상대론과 양자역학 방정식 등 모두가 이러한 방식이다. 하비는 실험을 통하여 신체의 맥박이 뛰는 횟수와 방출되는 혈액의 양을 측정하여 피가 소모되지 않고 순환하는 것을 알아내었다. 이로부터 순환가설을 세우고 가설이 신체 전체에 적용된다고 일반화하였다. 중력 법칙은 갈릴레이의 지상 운동에 관한 여러 실험적 사실과 케플러의 태양계 운동에 관한 여러 관측을 통한 결과로부터 도출되었으므로 귀납적이다. 다른 한편으로 만유인력 법칙으로 일반화시켜 케플러 법칙의 유도, 조수 현상, 구형인 지구, 적도의 부품 그리고 해왕성 존재의 계산적 예측 등 관련 현상을 이해하게 되었으므로 이 과정은 연역이다. 20세기 초에 완성된 양자물리학은 원소들의 띠스펙트럼과 흑체복사 등의 실험적 결과들의 해석을 위해 양자 법칙이 만들어지고 탄생하였다. 법칙으로부터 구축된 양자 방정식은 원자 이하의 세계의 물리 현상에 예측력을 가진다. 물론 비슷한 시기에 도출된 특수 및 일반 상대론도 같은 과정의 맥락에서 이해될 수 있다. 비단 위에 든 예뿐만이 아니라 열역학, 전자기학, 광학 등 다른 분야도 마찬가지 방법이다. 자연선택설 등도 가설 연역이라 할 수 있다. 다만 법칙을 근거로 관련 자연 현상을 포괄적으로 설명할 수 있는 방정식의 도출이 연역의 방법은 맞으나 으뜸 원리로부터 파생된 것이 아니라 발견자의 대담한 가정에 의한 것으로 뛰어난 직관의 결과이다.

발견의 직관

가설-연역은 단지 가설을 통하여 발견의 법칙을 일반화하여 으뜸 원리로 세운다는 방법을 얘기할 뿐이지 어떻게 가설이 발견되는지 설명하지는 않는다. 원리적으로 이론이 보편적이라는 주장을 하기 위해서 모든 이론적 예측을 실험으로 검증해야 하지만 실질적으로 불가능하다. 오히려 발견 또는 발명의 당사자가 보편적으로 올바르다는 대담한 가정을 한다는 것 외에 달리 설명할 길은 없어 보인다. 마찬가지로 귀납도 여러 실험적 결과들을 바탕으로 법칙이 만들어진다는 것을 의미할 뿐 법칙을 발견한 발견자의 능력을 얘기해 주는 것은 아니다. 분명한 것은 실험적 결과를 접하는 누구나 법칙에 도달하는 것은 아니다. 법칙에 도달할 확률은 오히려 매우 희박하다. 이러한 것은 인간의 상상력과 창의력에 관련된 것으로 지극히 주관적이다.

방법론은 발견의 피상적인 부분만을 얘기할 뿐이고 과학의 본질에 대한 상을 제시하지 못한다. 도출의 행위에 어떤 직관적 행위[92]가 덧붙여 나오는 예는 많이 있다. 더군다나 우연한 상황이거나 급작스럽게 아이디어가 떠올라 문제가 풀리는 경우가 과학의 발견 사례로서 종종 있다. 뢴트겐은 다른 목적으로 음극선 실험을 수행하다 우연히 x-선을 발견했다. 케쿨레의 벤젠 분자의 육각형 구조는 순전히 꿈을 통해 아이디어를 얻은 것이고, 아르키메데스는 목욕탕에서 갑작스럽게 아이디

92 직관적 행위란 법칙을 도출하는 과학자가 단순히 관찰 결과를 바탕으로 법칙을 도출하는 것이 아니고 그 자신의 천재적 능력에 의존한다는 것이다. 즉 관찰 결과가 주어진다고 해서 모든 사람이 법칙에 도달하지 못한다. 오히려 대부분의 사람들이 도달하지 못하는데 그 차이는 직관이라는 것으로 해석할 수 있다.

어가 떠올라 부력을 발견했다. 이처럼 있을 법하지 않은 방식으로 과학적 가설을 도출하는 과학적 행위가 있으므로 이들을 포함하여 발견에 어떤 과정이 연계되는지 비록 피상적이나마 이해하는 것은 중요하다.

여러 사실을 바탕으로 탐구하여 이를 설명하는 이론이 실험적 검증을 통과하면 이론은 정설로서 받아들여지게 된다. 이러한 방법을 귀추(abduction)라고 한다. 귀납을 의미하는 것처럼 여겨지나 귀납은 어떤 것이 그럴 확률이 크다는 것을 의미하고 귀추는 어떤 것이 무엇일지도 모른다는 제안이다. 귀납은 어떠한 양을 오차 범위 내에서 측정했다는 의미가 강하여 이론적 모형은 측정의 결과에만 국한된다. 반면에 귀추는 포괄적으로 올바르다는 대담한 가설로 구축된 이론적 모형을 만드는 일이다. 귀추는 연역과도 다르다. 연역이 반드시 참의 결론을 도출하는 반면에 귀추는 반드시 결론이 참이 아닐 수도 있다. 귀추는 세워진 가설이 예측하는 현상이 실험으로 관측된다면 가설은 참으로 고려될 수 있다. 실제 과학 탐구는 이런 방법으로 가설이 나온다. 귀추[93]는 우연히 과학적 발견하는 경우 등에도 들어맞을 수 있다. 그러므로 귀추는 일반적으로 과학적 발견의 과정이 논증으로 이루어지는 것은 아니지만 발견의 논리를 어느 정도 정당화한다.

---

93 귀추를 귀납의 한 종류로 보는 관점도 있다.

유추(analogy)와 은유(metaphor)가 활용되어 새로운 발견을 이룬 사례도 있다. 유추는 2개 이상의 현상이 속성이나 구조 등에서 일치하거나 유사하여 그 현상이 다른 것에서 일치하거나 유사하리라고 추리하는 것이다. 은유는 유사한 특성을 가진 다른 사물이나 관념을 써서 표현하는 어법으로 과학적 발견에도 활용될 수 있다. 그러나 인간의 상상력이나 창의성의 발현은 논증적인 방법으로 이루어지지 않으므로 과학에서 은유나 유추를 논증으로 형식화하기는 어렵고 이들은 철학 등에서 종종 쓰이는 논증의 한 방법이다.

과학에서 방법론은 과학 탐구의 일정 부분을 설명해 줄 뿐이다. 논리실증주의(logical positivism)[94]자들이 과학의 방법을 처음으로 연구 대상에 포함 시켰다. 이들은 과학 하는 방법에 대한 보편적 설명이 있을 것이라는 신념을 가졌다. 그러나 어느 방법도 과학 탐구 전반에 대한 설명을 제시하지 못한다. 분야에 따라서 세부적으로 서로 범접할 수 없는 특수성이 있으므로 모두를 포괄적으로 설명할 수 있는 과학의 방법론은 존재하지 않는다.[95] 그러므로 과학이 작동하는 방식에 대해 어느 방법론도 논리적으로 정합하게 유용한 것을 제공하지

94 20세기 초(1923년) 결성된 실증주의 철학으로 비엔나학파라고도 불린다. 과학을 수학과 논리학, 그리고 이론물리학의 종합적인 관점에서 통일적으로 파악하고자 하였다. 19세기 말 실증주의의 영향을 받았다. 귀납의 논리적 정당화를 위해 많은 노력을 기울였다. 나치의 탄압으로 1938년에 해체되었고 후일 논리경험주의의 발전에 기여하였다.

95 파이어아벤트는 방법론에 무정부주의를 주장했다. 과학에 어떠한 방법도 유효하다는 의미이다.

못한다는 불만을 피할 수는 없다. 과학이 어떤 보편적인 규칙에 따라 진행되지 않는 것처럼 여겨지므로 과학의 작동 논리는 다양하고 상호보완적이기도 하지만 다분히 논쟁적이기도 하다.

제9장 과학의 객관성

과학에는 논증이 필요한 것이 많다. 논리학의 참과 거짓에서부터 과학의 객관성에 대한 의문은 다양하다. 발견이나 어떤 결과가 도출되었을 때 이를 어떻게 신뢰할 수 있는가? 자연을 잘 묘사하는 이론이 구축되어 신뢰할 수 있을지라도 이론이 실제의 자연을 묘사하는가? 고대과학보다 근대과학이 자연을 올바르게 설명할지라도 과학적 설명을 어디까지 얼마만큼 신뢰할 수 있을 것인가? 지금까지 진리로서 알려진 설명이 미래에 또 다른 해석으로 대체되지 않으리란 보장은 없기 때문이다. 고대나 근대의 과학 중에 당시의 설명이 그 시대의 진리이므로 어느 것이 더 올바르다고 규정하는 것이 모순이 아닐까? 그래서 과학사적 관점에서 과학의 진보가 어떻게 이루어졌는지에 대한 논증이 필요하다. 논의의 대상을 좀 더 넓혀서 과학을 어떻게 정의하는 지도 다양한 의견이 있을 수 있다.

철학의 주요 논거 대상은 과학 이론에 관한 것이 많은데 이론은 귀납과 추론의 과정을 거쳐 나온 법칙을 근거로 구축된 연구의 최종 산물이기 때문이다. 이론이 유독 강하게 적용되는 분야가 물리학이므로 일반적으로 철학(과학철학)이 다루는 과학의 제반 문제는 물리학이 중심이 된다. 물리학 중심의 논의는 물리가 가장 근본적인 문제를 다루는 자연과학 분야인 것과도 무관치 않다. 다른 과학과 비교하여 철학의 주요 관심사에 더 알맞기 때문이다. 이 장에서 대부분 논의되는 주제가 물리 이론을 중심으로 이루어지는 이유이다.

귀납의 문제

귀납의 과정을 통해 올바르게 세워진 이론은 실험의 결과를 잘 설명할 뿐만이 아니라 예측 또한 가능할 것이다. 그러나 이론이 자연을 잘 설명할지라도 논리학에서처럼 100% 참은 될 수 없다. 모든 측정에는 오차가 있으므로 어떠한 실험 결과도 100% 참은 아니다. 그러므로 과학은 참과 거짓을 따지는 수학의 논리와는 다르다. 실험이나 이에 준거해서 내려진 이론적 해석은 개연적으로 참일 수밖에 없다. 연역이 확정적인 것에 비해 귀납은 개연적이다.

논리학의 관점에서 개연성은 정당성이 의문시될 수밖에 없다. 귀납에 대한 문제를 처음으로 제기한 철학자는 데이비드

흄이다. 그는 귀납적 추론이 원인과 결과에 근거한 추론일지라도 그것이 올바르다고 할 수 없다고 하였다. 지금까지 잘 작동해 왔기 때문에 귀납은 믿을만하다는 논증 자체가 귀납적이므로 귀납을 믿지 않는 사람들에게 이러한 논증은 무의미하기 때문이다.

귀납의 문제를 구체적으로 살펴보자. 측정으로 100% 참인 결론을 위해서는 측정 대상의 모든 시료에 대하여 측정한 경우라야 한다. 철은 1000도 정도의 특정 온도에서 녹고 물은 100도에서 끓는다고 우리는 알고 있다. 그러나 이 기준은 지구상의 모든 철과 물을 측정 대상으로 한 결과가 아니며 그렇게 할 수도 없다는 것을 우리는 잘 알고 있다. 입자물리학에서 자연을 매우 잘 묘사하는 표준모형은 지난 반세기 동안의 모든 실험적 검증을 통과한 유일한 이론이다. 그렇다고 표준모형이 100% 참이라는 것을 귀납적으로 증명할 수는 없다. 모형의 진위를 검증하기 위하여 정밀도를 계속 높여 실험을 계속 수행하여 오차를 계속 줄일 수 있다. 그러나 오차는 0에 가까워질지언정 0으로 귀착되는 일은 없다. 그러므로 귀납 추론은 논리적으로 100% 참은 있을 수 없고 경우에 따라서 결론이 거짓이 될 가능성도 존재한다.

측정의 예에서 보듯이 관찰의 횟수는 항상 유한하다. 그러므로 관찰을 통한 명제인 관찰 언명은 제한적일 수밖에 없다. 그에 비해 누구나 동의할 수 있는 보편 언명[96]은 무제한적이기 때문에 비록 관찰 언명의 수가 증가해도 어차피 유한하므로 이것이 참일 확률은 0일 수밖에 없다. 그래서 귀납의 방법은 연역처럼 형식화에 어려움이 있다. 그러나 가능한 한 사례를 더 많이 모은다면 논리적으로 참에 더 가까이 다가가게 되므로 귀납 추론의 형식화에 완성도는 높아질 것이다. 이처럼 가능한 사례를 많이 모으는 열거적 접근방식[97]은 일반적으로 귀납이 연역에서처럼 확정성을 허용하지 못할지라도 어느 정도의 타당성을 가지게 한다. 오늘날 과학에서 귀납적 추론의 논증은 어느 정도 확립되어 있다. 귀납논리학[98]은 확증의 정도를 가설들과 증거에 관한 언명들 사이의 논리적 관계로 설정한다. 연역논리학이 확증의 정도로서 논리적 함축이 핵심개념인 것과 대비된다. 그러므로 연역은 필연성으로, 귀납은 개연성으로 논리의 설정이 이루어진다.

귀납의 논리적 정당화가 문제 있는 것처럼 보일지라도 여전히 과학이 귀납의 방법을 적용하여 새로운 현상을 알아내는 것은 부인할 수 없다. 귀납을 통해 도출된 과학적 결론으로 과학은 여전히 진보하고 과학 자체로서의 가치가 있고 과

---

96 보편언명은 '장가가지 않은 남자가 총각이다.'처럼 어떤 정의 또는 정의가 아니더라도 누구나 받아들일 수 있는 명제를 가리킨다.

97 아이헨바흐는 귀납의 형식화를 위해 열거적 접근방식을 주창하였다.

98 프레게와 러셀의 기호논리학을 바탕으로 귀납논리학이 어느 정도 정립되었다. 귀납논리학을 정립시킨 사람은 카르납이다. 아이헨바흐나 카르납 등이 비엔나학파 출신이다.

학은 그 진실에 있어서 사회에 막강한 힘을 발휘한다. 더군다나 기초 과학이 응용으로 치닫게 되면 과학의 위력은 더욱더 맹위를 떨치게 된다. 실지로 과학의 진리를 응용한 많은 결과물이 존재하며 근대 이후에 인류 문명의 기반은 과학이다. 귀납 자체의 정당성에 대해 의문을 품는 것이 참을 다루는 논리학의 관점에서는 정당하나 그렇다고 과학이 만들어내는 수많은 결과물이 문제가 있는 것은 아니다.

반증

귀납 문제의 핵심은 관찰이나 실험으로 얻어진 제한된 데이터로 과학 이론이 참임을 증명할 수 없다는 것이다. 그런데 과학 이론이 잘못되었다면 거짓임을 증명할 수는 있다. 표준모형이 만약에 단 하나의 실험 결과와 불일치하면 우리는 즉각 표준모형을 보편적으로 받아들일 수 있는 모형이 아니라고 결론지을 수 있다. 지난 50년간의 수많은 실험의 검증을 통과했더라도 표준모형이 100% 참이 아니지만 단 한 번의 실험과의 불일치로 거짓은 증명된다. 이처럼 거짓 여부를 증명하는 것을 반증(falsification)이라 한다. 간단한 예를 하나 더 들자. 여태까지 알려진 금속이 전기가 잘 통하는 전도체라 해서 모든 금속이 전도체라고 단정할 수는 없다. 전기가 통하지 않는 또 다른 금속이 발견되지 않을 보장이 없기 때문이다. 그러나 금속 가운데 전기가 잘 통하지 않는 금속 하나를 찾아내기만 하면 모든 금속이 전도체라는 주장은 거짓으로 결론을 내릴 수가 있다. 이때 거짓으로 판명하는 과정이 연역적 추론이다. 귀납을 사용하지 않고도 과학적 결론의 목적이 달성되었다. 반증을 주장한 칼 포퍼는 위에서 본 것처럼 과학에 연역을 사용하는 게 가능하므로 과학자들이 증명을 위해 연역 추론만을 사용해야 한다고까지 주장했다. 이 주장은 틀렸으나 과학의 방법론에서 반증은 귀납과 함께 중요한 자리를 차지하고 있다.

반증법은 입자물리학의 탐구에도 적용된다. 여태까지의 실험의 결과는 표준모형의 성공을 더욱더 굳건히 쌓아줌과 동시에 여타 다른 이론적 모형들은 폐기되는 운명을 맞이하는 기준의 역할을 하였기 때문이다. 표준모형은 수학적으로 가장 단순한 구조를 가지므로 가장 일찍 구축[99]되어 세상에 선뵈었다. 표준모형의 단점을 보완하는 시도로서 더 복잡한 구조의 모형이 수많이 제시될 수 있었고 이 가운데 적지 않은 모형이 실험과 맞지 않는다는 이유로 폐기되었다. 단 한 번의 실험 결과로 폐기된 것이므로 폐기된 모형들은 반증에서 살아남지 못한 것이다.

---

99 일반적으로 새로운 방정식이나 방정식을 구축할 때 가장 단순한 형태부터 그 가능성을 탐구하는 것은 더 복잡한 형태보다 접근이 쉽기 때문이다. 그러므로 먼저 복잡한 것을 시도하고 단순한 것으로 시도하는 일이 과학에는 없다.

폐기된 모형 중에 대표적으로 소위 통일장 이론(Grand Unified Theory)의 모형들이 있다. 통일장 이론이 예측하는 양성자의 수명이 실험적 측정치와 일치하지 않아 폐기되었다. 수학적으로 우아하고 물리적으로도 더 큰 대칭성을 보유하여 일견 표준모형보다 더욱더 그럴듯해 보이지만 반증을 통과하지 못한 것이다. 아직 살아남아 있는 모형들도 반증에서 살아남아야 이론적 모형으로 인정받게 되겠지만 여전히 이들 모형이 맞는지 맞지 않는지 모른다. 그러므로 반증주의는 귀납주의와 함께 과학적 방법론에서 큰 위치를 차지하며 현대 입자물리학에서도 올바른 모형의 구별을 위한 중요한 방법론으로 자리 잡고 있다.

과학의 정당성

보다시피 실험적으로 검증을 거쳐 실험값이 이론의 예측값과 일치하지 않으면 이론은 폐기될 수밖에 없다. 아인슈타인은 중력에 관한 일반상대론을 발표하면서 그의 이론의 진위를 판단하기 위해서 어떤 현상에 대한 이론적 예측값을 함께 내놓았다. 실험으로 예측치가 맞는 것이 확인되면 그의 이론은 올바른 것이기 때문이다. 태양의 중력에 의해 빛이 경로가 휘는 정도를 계산한 값은 개기일식 실험을 통해 검증되었다. 만약 실험적 검증을 통과하지 못했으면 사람들은 일반상대론이 틀렸다고 단정 지었을 것이다. 입자물리학에서 자연을 설명하는 많은 이론적 모형이 실험 결과를 설명하지 못해 폐기된 경우도 마찬가지다. 이처럼 과학 이론은 반증 과정을 통과해야 살아남는다. 그렇다면 사회 과학이나 인문학의 이론도 그러할까?

사회 과학과 경제학 또는 심리학 같은 학문은 그들의 예측이 맞지 않더라도 어떻게든 근거를 댈 수 있는 여지가 있다. 이 점이 자연과학과 다른 점이다. 마르크스는 그의 유물사관 사상에 근거하여 프롤레타리아 혁명은 자신이 생존해 있는 어느 시점에 분명히 일어난다고 예측하고 그렇게 되기를 간절히 바랐다. 그러나 혁명은 일어나지 않았다. 마르크스는 혁명이 왜 일어나지 않았는지를 같은 유물사관 사상에 준거하여 설명할 수 있었다. 시장 원리를 설명하는 경제학의 수학 이론도 예측이 틀릴 때가 많으며 그럴 때마다 다른 이유로 설명할 수 있다. 심리학의 어떤 방법으로 환자를 치유하지 못했을지라도 또 다른 이유를 들어 왜 환자의 병이 낫지 않았는지 설명할 수가 있다. 그러므로 이러한 학문은 반증이 불가하다. 매우 복잡한 구조를 가진 시계도 누군가가 만든 것처럼 자연도 지적으로 뛰어난 누군가가 설계하여 만들었다는 지적설계론도 과학이라고 주장하나 반증이 불가한 것은 마찬가지이다. 반증의 여부로 과학과 비과학을 나누는 기준으로 삼을 수도 있다는 것을 보여주는 사례이다.

하지만 자연과학에서도 반증의 여부가 불분명한 사례가 있다. 이론이 예측한 결과를 검증할 만한 기술이 당시에 없는 경우에 반증 여부를 섣불리 단정할 수 없다. 기술이 발전한 후에 실험을 통해 이론이 맞을 수도 있기 때문이다. 뉴턴역학으로 계산된 천왕성의 궤도가 측정치와 일치하지 않았으므로 불일치만 놓고 보면 뉴턴역학은 반증에 실패한 경우이다. 그러나 가상의 행성을 가정하여 이 행성에 의한 영향을 고려하여 계산한 결과는 천왕성의 궤도를 정확히 예측하였다. 아직 발견되지 않은 행성이 천왕성의 궤도를 변형시킨 것이다. 가상의 행성인 해왕성은 후에 발견되었다. 궤도가 맞지 않아 뉴턴역학이 반증을 통과하지 못한 것이 아니라 오히려 뉴턴역학이 정확하다는 것이 다시금 입증한 사례이다. 반증 여부가 불분명하였으나 결국 아닌 것으로 밝혀진 사례는 자연과학에 종종 나타나는 일이다.

반증 가능 여부로 과학과 비과학을 구분하는 것은 과학 이론을 어떻게 판단하느냐에 따라서도 달라질 수 있다. 일반적으로 과학 이론이 복수로 존재해서 경쟁 관계에 있다면 평가할 수 있는 보편적 기준이 있다. 귀납과 반증주의자들은 각각 사실로부터 얻을 수 있는 지지의 정도와 반증 가능성의 정도로 기준을 설정할 것이다. 이처럼 과학 이론이 귀납과 반증주의를 기반으로 평가받는 것이 일반적이고 합리적이다. 이를 과학에서의 합리주의(rationalism)라고 한다. 그런데 실험적 검증 등의 보편적 기준 대신에 개인이나 공동체가 중요하게 여기는 과학 이론이 중요한 과학의 분야라고 주장하는 경우는 어떨까? 합리주의와는 상반되게 상대주의(relativism)[100]로 과학을 보는 견해이다. 상대주의자들은 이론을 평가할 합리적 기준은 없으며 이론의 중요도는 개인과 공동체가 어떤 것을 더 가치 있게 여기는가에 따라 정해진다고 주장한다.

현대 입자물리학의 초끈 이론의 연구는 상대주의의 예라고 여길 수가 있다. 초끈 이론은 1990년대에 모든 자연 현상을 포괄적으로 설명하는 이론으로 한때 불렸다. 그러나 이론의 최대 단점은 자연 현상에 대한 예측력이 없어 실험으로 검증할 수단이 없다는 것이다. 비록 실험적 검증이 불가능하더라도 연구자들은 중요 연구 집단을 형성하여 지금까지 권위를 유지해 오고 있다. 연구 집단이 우월한 지위를 만들어 연구공동체를 형성한 전형적인 사례이다. 이처럼 과학과 비과학의 구분이나 이론의 선택에 상대주의 관점은 합리주의 관점과 확연히 구분된다. 상대주의 관점은 과학의 가치는 인정하나 과학과 비과학의 구별을 중요하게 생각지 않는다. 다른 지식보다 우월한 고유한 범주의 과학 이론이 있다는 것을 인정하지 않을 수도 있다.

---

100 합리주의나 상대주의 외에 개인이나 집단이 어떻게 가치를 부여하는가는 전혀 고려하지 않고 오로지 과학 자체의 모습에 초점을 맞추어 과학의 목적과 진보 양식을 따지는 객관주의(objectivism)가 있다.

과학과 실재

세계가 존재하는지에 대한 논쟁은 철학에서 가장 핵심적이고 근본적인 화두이다. 일반적으로 사람들은 인간의 인식과는 관계없이 물리적 세계가 존재한다고 생각한다. 그러나 실은 그렇게 간단치 않다. 인간의 인식 범위 밖에 있는 세계라면 설령 존재할지라도 무의미할 수도 있기 때문이다. 철학에서의 존재론은 인간의 인식과 관계없이 세계는 존재하는가 아니면 인식 안의 것만이 세계인가이다. 이 개념을 과학에서는 다음과 같이 바꿀 수 있다. 과학의 이론적 모형이 실재하는 자연을 묘사하는 것인가 아니면 단지 실험의 결과를 설명하는 것일 뿐인가? 전자를 과학적 실재론(realism), 후자를 과학적 반실재론(anti-realism)이라 한다.

과학적 실재론에서 과학의 목표는 세계를 참되게 묘사하는 것이다. 그러므로 과학은 우리가 사는 세계의 진짜 구조를 기술한다. 작금의 과학이 자연의 실체를 모두 밝혀내지 못했을지라도 궁극적으로 목표 달성이 가능하다고 본다. 실재론자들은 실험의 결과를 설명하는 이론이 복수일 가능성이 거의 없으므로 실재론이 올바르다고 주장한다. 이를 기적 불가론이라 한다. 원자의 세계를 묘사하는 현대 물리의 양자역학은 관련 자연 현상을 매우 잘 설명한다. 양자역학이 아닌 다른 이론 체계로 수많은 실험 결과를 설명할 가능성은 거의 없다. 입자물리에서 물질의 근원을 밝히는 표준모형은 지난 50여 년 동안 실험 결과와 일치한다. 그런데 수많은 실험 결과를 표준모형처럼 설명하는 다른 모형이 있을 확률은 0에 가깝다. 표준모형이 가지고 있는 근본적 입자/힘의 관계 말고 다른 방식으로 설명하면서 모든 실험 결과를 설명할 수 있는 모형은 없기 때문이다. 양자역학과 표준모형을 뒷받침하는 실험적 결과들이 너무 많아 이들을 모두 맞추는 일관성을 가진 이론이 복수일 가능성은 거의 없기 때문이다. 그러므로 비록 눈으로 관찰하지 못하는 극소의 세계의 원자 이하의 세계일지라도 실제라고 믿을만한 지식은 이론으로 존재한다. 원자를 설명하는 이론이 원자들의 행동 예측을 하므로 이론은 참이고 그러므로 자연을 올바로 묘사한다는 것이 실재론자의 입장이다.

과학적 반실재론에서 과학의 목표는 자연의 실재하고는 전혀 상관없이 경험적으로 적절한 실험 또는 관찰의 결과를 올바르게 묘사하는 이론을 찾는 것일 뿐이다. 과학이 세계를 올바르게 묘사하지 않을뿐더러 그럴 필요도 없다. 기체분자운동론을 예로 들어보자. 기체분자운동론은 상자 안의 기체들이 어떠한 상태에 있다고 가정하고 이론적 모형을 구축하여 거시적 물리량으로 관찰 결과를 예측할 수 있게 해 준다. 그러나 기체분자의 운동을 실제로 본 적은 없고 그들의 운동을 거시적 물리량인 온도, 부피, 압력의 측정을 통하여서만 알 수 있다. 이론적 모형에서 가정한 것처럼 기체분자들이 그렇게 운동하는지는 아무도 모른다. 이때 이론은 순전히 관찰의 행동 예측을 편리하게 하는 도구일 뿐이지 운동의 세계를 참되게 묘사하는 것이 아니다. 그러므로 실험 결과를 설명해 주는 이론이 실제로 자연을 묘사하는지 반실재론자에게 중요하지 않다. 반실재론은 동일한 현상에 대해 여러 이론적 추론이 가능한 경우를 들어 이론은 실제가 아니라고 한다. 이를 과소결정론이라 한다. 6천5백만 년 전에 공룡의 멸종이 소행성의 충돌에 기인한다는 가설은 다른 방식으로 공룡의 멸종을 설명할 수 있는 여지는 있다. 같은 자연적 상황에 대해 여러 이론적 추론이 가능하다면 이론이 자연의 실재를 묘사하는 것이 아닐 수 있다. 이론이 자연의 실재 여부와 관계없이 실험 결과를 꿰맞추는 도구라는 점에서 반실재론을 도구주의(instrumentalism)라고도 하는데 실증주의[101]에 근거를 두고 있다.

실재론과 반실재론은 어느 것이 더 옳은지 논쟁적이지만 상호보완적이다. 일반적으로 설명할 수 있는 데이터가 충분히 있는 경우에 기적 불가론이 우세한 경향이 있다. 충분한 데이터의 분석으로부터 다중 결론이 나올 확률은 매우 적기 때문이다. 반대로 실험 또는 관찰 데이터가 충분치 않은 경우는

101 19세기 후반 서유럽에서 나타난 철학적 경향으로 형이상학을 배격하고 사실 그 자체에 대한 과학적 탐구를 강조하여 관찰이나 실험 등으로 검증 가능한 지식만을 인정하였다. 이런 연유로 보이지 않는 것은 믿지 않아 원자론을 배격하였다. 실증주의로부터 촉발된 논쟁은 논리실증주의를 거쳐 가며 과학적 반실재론은 수정 보완되었다.

과소결정론이 우세하다. 증거가 상대적으로 빈약하여 여러 결론이 나올 수 있기 때문이다. 상호 보완성은 다음의 예에서도 찾을 수 있다. 과학에서 이론적 모형이 이상적으로 구축되는 사례가 많다. 이상적 모형은 자연 현상을 단순화시킨 것이므로 자연을 실제로 묘사하지 못한다. 이런 관점에서 반실재론에 호의적이다. 다른 한편으로 단순화된 모형은 관련 자연 현상의 핵심을 잘 묘사한다. 더 나아가 단순 모형은 좀 더 복잡한 체계의 이론을 만들 수 있는 기반이 되기도 한다. 이처럼 이론적 모형의 단순화가 진실에 가깝게 자연을 묘사한다는 것과 자연을 좀 더 실제로 묘사할 수 있는 모형 구축의 발판이 될 수 있으므로 이런 관점에서는 실재론에 호의적이다.

쿤의 패러다임 이론

일반적으로 과학은 진보한다. 그러나 뉴턴 물리학의 등장과 같이 이전과 다른 커다란 변화를 보여주는 일은 흔치 않다. 지난 이천여 년 동안의 역사를 통틀어도 뉴턴 물리학의 등장과 같은 커다란 변화는 고대에서 근대로, 근대에서 현대 물리학으로 단지 두 번뿐이다. 각 시대를 이끄는 과학의 법칙은 이전과는 다른 새로운 것에 근거하므로 시대를 나누는 표식이 되었다. 커다란 변화 사이의 기간은 혁명에 의한 새로운 과학이 사회에 뿌리내려 발전하는 과정의 시기일 것이다. 이처럼 과학사적 관점에서 과학의 시대적 변화를 살펴보면 과학의 변화가 어떤 주기적인 형태를 이룬다.

과학은 새로운 발상이 요구되고 무르익은 시기에 신구가 교체되는 혁명의 시기를 맞는다.[102] 코페르니쿠스의 지동설, 뉴턴의 중력 법칙, 아인슈타인의 상대성이론 또는 다윈의 진화론 등과 같이 이전과는 근본적으로 다른 과학적 관점들이 혁명과 같다. 이들의 등장은 과학적 세계관에 근본적인 변화를 일으킨다. 특정의 변혁이 성공한 경우는 혁명을 이끈 새로운 과학이 발전하며 어떤 규정적인 형태를 보인다. 뉴턴물리학에 의한 과학혁명 사례는 변화의 형태를 잘 보여준다. 뉴턴역학이 제시된 이래 뉴턴 법칙에 준거한 자연 현상 연구가 약 200년 동안 계속되었다. 20세기 초에 탄생한 현대물리학은 뉴턴 물리학을 대체한 새로운 물리학을 기반으로 하는 연구 체제를 만들었다. 그러므로 과학은 혁명과 혁명이 이루어지는 과정의 반복이며 과정에 어떤 과학적 구조가 존재한다.

토마스 쿤은 혁명으로 인하여 기존 과학체계를 대체한 새로운 과학체계가 들어서는 것을 새로운 패러다임(paradigm)으로 표현하였다. 패러다임은 어떤 시대에 사람들이 가지고 있는 사물에 대한 이론적인 틀이나 체계를 의미[103]한다. 예로

---

102 토마스 쿤은 '과학혁명의 구조'(1962)에서 패러다임 이론을 제시했다.

아리스토텔레스 물리학을 대체한 뉴턴 물리학은 새로운 패러다임이다. 과학혁명 후에 새로운 패러다임에 종속되는 시기가 있다. 이 시기에 사람들은 새로운 과학을 연구하고 발전시킨다. 쿤은 이 기간을 정상과학(normal science)이라 명명하였다. 그에 의하면 과학의 역사는 혁명과 정상과학이 반복되는 구조를 가진다.

혁명이 성공하여 정상과학이 유지되려면 두 가지 조건을 만족시켜야 한다. 첫째로 과학 구성원이 같이 받아들이는 새로운 패러다임의 근본적 이론이 있고 이를 발전시키는 전문가 집단이 있어야 한다. 집단은 이론을 받아들이고 이론을 기반으로 연구하여 이를 발전시키려 한다. 둘째로 새로운 패러다임은 전문가 집단 외에 일반 기성 사회에 의해 수용되어야 한다. 즉, 일반인들이 새로운 과학을 알고 받아들이는 상태가 되어야 한다. 이를 위해서 새로운 과학이 학교의 교과과정에 편입되어야 한다. 두 조건을 만족하면 새로운 패러다임의 정상과학의 기간이 존재하고 연구와 교육 등 다방면에서 패러다임을 발전시키는 노력이 이루어진다. 정상과학의 기간에 연구는 오로지 패러다임의 테두리 안에서 이루어지며 이를 시험하려 들지 않는다. 만약에 실험적으로 패러다임에 반하는 결과가 나오면 실험 기법이나 측정의 결과에 모순이 있는 것

---

103 넓은 의미에서 패러다임을 어떤 견해나 사고를 근본적으로 규정하는 테두리 안에서의 인식의 체계로서 정의할 수 있다.

이고 패러다임을 만든 이론에 문제가 있다고 생각하지 않는다.

현대물리학이 탄생하기 전인 19세기 말에 원자 내의 에너지 등에 관하여 고전물리학에 반하는 여러 실험 결과가 나왔으나 사람들은 고전물리학에 문제가 있다고 여기지 않았다. 대신에 고전물리학이 너무 완벽하여 물리학은 이제 더이상 할 게 없다는 물리 종말론을 들고 나왔다. 우주 공간에 가득 차 있는 에테르의 존재를 실험적으로 증명하고자 한 마이켈슨-몰리의 실험에서 에테르의 존재를 확인하지 못하자 자신들의 실험 방법에 문제가 있다고 믿었다. 에테르가 실제로 존재하지 않으리라고는 꿈에도 하지 못한 것은 기존의 패러다임에 종속되어 있었기 때문이다. 전자는 양자역학의 발견으로 이어지고 후자는 특수상대론의 탄생으로 연결되었다. 이론이 바뀌어야 하는 새로운 혁명이 나올 즈음에는 패러다임에 반하는 이상 현상이 발견되기 시작한다. 서서히 이상 현상의 빈도수가 높아지며 급기야 기존 패러다임이 붕괴하고 새로운 혁명이 시작된다. 이러한 형태는 과학의 역사를 통틀어 반복한다.

과학의 진보

혁명으로 인한 새로운 과학적 지식은 일반적으로 진보를

의미한다. 새로운 과학은 세상에 대해 우리가 몰랐던 부분을 알게 하고 좀 더 정확한 지식을 제공하기 때문이다. 그러나 상황에 따라서 단순히 진보한다고 단정할 수 없는 사례가 있을 수 있다. 쿤은 천동설에서 지동설로 이론 체계가 변화하는 과정을 과학혁명의 단적인 예로 제시하면서 진보가 아니라고 결론 내렸다. 과학 이론의 변화는 어느 한 이론이 그르고 다른 이론이 옳다는 것을 나타낸 것이 아니라, 당대 사회 전체가 갖는 신념과 가치체계가 변화한 것이며, 문제 해결 방법이 달라진 것이라 주장했다. 이를 뒷받침하는 예로서 코페르니쿠스의 지동설이 새로운 과학임에도 불구하고 천동설보다 정확하지 않아 장점이 없었던 것을 들었다.

구모형이 신모형보다 더 정확하거나 개선의 여지가 없다면 기존 이론과 새로운 이론은 관점의 차이일 뿐 무엇이 나은 것이라 단정할 수 없다고 주장할 수 있을 것이다. 만약 이 주장이 옳다면 과학은 선형적이고 누적적으로 발전하지 않는다. 세계에 관한 사실이 패러다임에 상대적이고 패러다임이 변하면 사실도 변하므로 어느 것이 객관적으로 더 나은 것이냐 묻는 것이 무의미할 수 있다. 각각의 패러다임 시대의 과학은 그 시대의 사람들이 진리로 여겼으므로 과학은 항상 진보한다는 것은 순진한 논리일 수 있다.

그렇다면 패러다임들끼리의 단순 비교는 불가능하고 두 패러다임은 그저 다를 뿐일까? 반실재론자의 입장[104]은 구과학과 신과학 중 어느 것이 더 나은지 비교 불가능하다는 것이다. 이를 공약 불가능성(incommensurability)이라 하는데 경쟁 관계에 있는 두 이론에 대해서 논리적인 비교가 가능하지 않은 것을 의미한다. 그렇다면 코페르니쿠스의 지동설과 천동설은 서로 공약 불가능하다고 주장할 수 있을까?. 코페르니쿠스가 제안한 지동설이 기존의 천동설보다 정확도가 떨어졌던 것은 사실이다. 그러나 후일에 올바로 수정된 지동설[105]은 천동설보다 훨씬 더 정확하다. 그러므로 올바로 수정된 지동설과 천동설은 쿤의 주장대로 공약불가능하지 않다. 고전물리학의 뉴턴역학과 현대물리학의 특수상대론을 사례를 보자. 빛의 속도에 비해 무시될 만큼의 느린 속력으로 움직이는 물체의 운동에 대해 특수 상대론은 뉴턴역학으로 회귀한다. 즉, 특수 상대론은 뉴턴역학을 포함하는 구조이다. 이처럼 전대의 이론이 후대의 이론에 종속되는 구조를 가지므로 신구이론이 서로 공약 불가능하다고 단순히 주장할 수는 없다. 이런 관점에서 과학은 진보한다.

과학은 고대에서 근대를 거치면서 더 정확한 지식을 제공해 왔고 근대에서 현대를 통하여 근대과학이 보지 못한 자연

---

104 과학의 진보를 믿는 쪽은 과학적 실재론적 입장이다. 반실재론이 일반적으로 신구과학이 비교 불가능하다는 입장을 취하진 않는다. 공약불가능을 주장한 쿤은 급진적 반실재론자이다.

105 3장에 기술된 것처럼 코페르니쿠스의 지동설은 천동설에서 채택된 주전원과 이심률을 여전히 채택하고 있어 올바른 지동설이 아니었다. 후일 케플러의 법칙에 의해 지동설이 올바로 수정된다.

을 더욱더 깊이 이해하여 지식의 지평을 넓혀왔다. 이러한 과정을 쿤은 일련의 생산적인 오류가 다른 더 큰 생산성을 가진 오류에 의해 대체되는 것이라고 극단적으로 평가하였다. 이러한 논리는 공약불가능성과 진리의 관점에서 완전한 이론은 없다는 믿음에서 나온다. 그러나 신과학의 더 큰 생산성은 구과학이 설명할 수 없는 것을 설명하기 때문에 지식은 축적된다.

과학 변화의 패턴[106] 개념은 단지 과학의 방법론만으로 과학을 분석할 수 없다는 것을 일깨운다. 발견과 발견에 대한 사회적 정당화가 같이 이루어지지 않는다면 발견은 의미가 없다. 과학도 사회 활동이므로 사회적 합의가 중요하다.

106 쿤의 혁명적 발전의 단일성을 라카토슈는 연구 프로그램 개념을 내세워 과학의 진보는 복수적 혁명이라는 것으로 일반화시켰다.

참고문헌

제1장 고대 자연철학

. 그리스철학자들, '소크라테스 이전 철학자들의 단편선집', 아카넷, 2016.
. W.K.C. 거스리, '희랍철학입문', 서광사, 2000.
. 앤서니 케니, '고대철학' 서광사, 2008.
. W. D. 로스, '아리스토텔레스', 세창출판사, 2016.
. 에드워드 C. 헬퍼, '아리스토텔레스의 형이상학 입문', 서광사 2016.
. 모티머 J. 애들러, '모두를 위한 아리스토텔레스', 마인드큐브, 2016.
. 카를로 로벨리, '첫번째 과학자, 아낙시만드로스', 푸른지식, 2017.
. 앤드류 그레고리, '왜 하필이면 그리스에서 과학이 탄생했을까', 몸과 마음, 2003.
. 플라톤, '플라톤의 다섯 대화편', 도서출판 숲, 2016.

제2장 자연철학의 승계

. 앤서니 케니, '중세철학', 서광사, 2015.
. 군나르 시베르크, 닐스 길리에, '서양철학사', 이학사, 2016.
. 루크레티우스, '사물의 본성에 관하여', 아카넷, 2016.
. 로런스 M. 프린시스, '과학혁명' 교유서가, 2017.
. 공하린, '3일만에 읽는 과학사', 서울문화사, 2007.

제3장 무너지는 천상 체계

. 토마스 쿤, '코페르니쿠스 혁명', 지식을만드는지식, 2016.
. 데이바 소벨, '코페르니쿠스 연구실', 웅진지식하우스, 2012.
. 데이바 소벨, '갈릴레오의 딸', 생각의 나무, 2001.
. 야마모토 요시타카, '과학의 탄생', 동아시아, 2005.
. 갈릴레오 갈릴레이, '대화', 사이언스북스, 2016.
. 노에 게이치, '과학 인문학으로의 초대', 오아시스, 2017.

제4장 흔들리는 지상 체계

. 갈릴레오 갈릴레이, '두 새로운 과학', GS인터비전, 2014.
. 르네 데카르트, '철학의 원리', 아카넷, 2012.
. 제임스 C. 쿠싱, '물리학의 역사와 철학', ㈜북스힐, 2006.
. 르네 데카르트, '데카르트 연구', 도서출판 창, 2005.
. 클리퍼드 코너, '과학의 민중사', 사이언스 북스, 2014.

제5장 뉴턴의 혁명

. Bernard Cohen et al, 'The Principia', University of California Press, 2016.
. 제임스 글릭, '아이작 뉴턴', 승산, 2008.
. 리처드 S. 웨스트폴, '뉴턴전기 Never at Rest', 알마출판사, 2016.
. 에드워드 돌닉, '뉴턴의 시계', 책과함께, 2016.
. 스티븐 와인버그, '세상을 설명하는 과학', 시공사, 2016.
. 앨프리드 화이트헤드, '과학과 근대세계', 서광사, 2008.
. 토마스 뷔르케, '물리학의 혁명적 순간들', 해나무출판, 2010.

제6장 세상을 바꿔버린 뉴턴

. 군나르 시르베크, '서양 철학사2', 이학사, 2016.
. 존 헨리, '서양과학사상사', 책과함께, 2013.

. 마이클 프리드만, '이성의 역학', 서광사, 2012.
. 프레드릭 코플스턴, '칸트', 중원문화, 2017.
. 앤서니 케니, '근대철학', 서광사, 2014.
. 오트프리트 회페, '임마뉴엘 칸트', 문예출판사, 2014.

제7장 뉴턴 이후의 과학
. 데이비드 린들리, '볼츠만의 원자', 승산, 2003.
. 낸시 포브스, 배질 마혼, '패러데이와 맥스웰', 반니북스, 2015.
. 존 허드슨, '화학의 역사', ㈜북스힐, 2004.
. 레베카 스테포프, '진화론과 다윈', 바다출판, 2002.
. 조앤 베이커, '일상적이지만 절대적인 양자역학 지식 50', 반니, 2016.
. Transnational College of LEX, '양자역학의 법칙', brain, 2017.
. 피터 갤리슨, '아인슈타인의 시계, 푸앵카레의 지도', 동아시아, 2017.
. 제임스 C. 쿠싱, '물리학의 역사와 철학', ㈜북스힐, 2006.
. 김동희, '톱쿼크 사냥', 민음사, 1996.
. 스티븐 와인버그, '최종 이론의 꿈', 사이언스북스, 2007.
. 레너드 서스킨드, '우주의 풍경', 사이언스북스, 2011.
. 로버트 러플린, '새로운 우주', 까치, 2005.
. 김동희, '바벨탑의 힉스 사냥꾼', 사이언스 북스, 2014.

제8장 과학의 방법
. 사미르 오카샤, '과학철학', 교유서가, 2017.
. 프랜시스 베이컨, '신기관', 한길사, 2001.
. 프랜시스 베이컨, '학문의 진보', 신원문화사, 2007.
. 피터 고드프리스미스, '이론과 실재', 서광사, 2014.
. 팀 르윈스, '과학한다, 고로 철학한다', MID, 2016.
. 배리 가우어, '과학의 방법', 이학사, 2013.

제9장 과학의 객관성

. 제임스 레디먼, '과학철학의 이해', 이학사, 2015.
. 앨런 차머스, '과학이란 무엇인가', 서광사, 2003.
. 노우드 러셀 핸슨, '과학적 발견의 패턴', 민음사, 1995.
. 토마스 쿤, '과학혁명의 구조', 까치출판, 2012.
. C. G. 헴펠, '자연 과학 철학', 서광사, 2010.
. 앨런 차머스, '현대의 과학철학', 서광사, 1985.

저자 김동희_ 경북대학교 물리학과 교수

서울대학교 물리교육과를 졸업하고 미국 시라큐스 대학에서 입자물리학으로 박사학위를 받았다. 미국 페르미국립가속기연구소(FNAL)의 박사후연구원을 거쳐 현재 경북대학교 물리학과 교수이다. FNAL의 객원교수를 지냈다. FNAL과 유럽의 입자물리연구소(CERN) 실험의 강입자 충돌 물리학 전문가이다. 새로운 게이지 보존, 초대칭 입자 및 암흑물질 등 새로운 물리 현상에 관한 연구를 하고 있다. 과학의 대중화와 철학에 많은 관심이 있다. 저서로는 '톱쿼크 사냥'(민음사, 1996), '바벨탑의 힉스사냥꾼'(사이언스북스, 2014)이 있다.

경북대 인문교양총서 39

물리학의 인문학적 이해

초판 인쇄 2019년 10월 24일
초판 발행 2019년 10월 31일

지은이 김동희
기 획 경북대학교 인문대학
펴낸이 이대현
편 집 이태곤 권분옥 문선희 백초혜
디자인 안혜진 최선주
마케팅 박태훈 안현진

펴낸곳 도서출판 역락
주 소 서울시 서초구 동광로 46길 6-6 문창빌딩 2층
전 화 02-3409-2060(편집), 2058(마케팅)
팩 스 02-3409-2059
등 록 1999년 4월 19일 제303-2002-000014호
전자우편 youkrack@hanmail.net
역락 홈페이지 www.youkrackbooks.com

ISBN 979-11-6244-431-3 04400
978-89-5556-896-7(세트)

* 책값은 뒤표지에 있습니다.
* 파본은 구입처에서 교환해 드립니다.

* 이 도서의 국립중앙도서관 출판예정도서목록(CIP)은 서지정보유통지원시스템 홈페이지(http://seoji.nl.go.kr)와 국가자료종합목록 구축시스템(http://kolis-net.nl.go.kr)에서 이용하실 수 있습니다. (CIP제어번호 : CIP2019041135)